西南桦人工林群落研究

王卫斌　吴兆录　杨德军 等　著

科 学 出 版 社

北　京

内 容 简 介

本书以西南桦人工林群落为研究对象，并以地带性植被山地雨林和西南桦天然林作对照，使用野外样方调查、室内理化分析和数学统计等方法，从群落学特征、土壤理化性状、群落生物量与初级生产力、群落碳储存能力等方面进行对比研究。全面系统地阐述西南桦生物生态学特征，西南桦栽培利用概况，西南桦人工林群落的物种组成，西南桦人工林群落外貌特征，西南桦人工林结构特征，西南桦人工林群落土壤理化性质，西南桦人工林生物量，生产力和碳贮存能力等。探讨人工促进自然恢复的技术与方法以及西南桦人工林可持续经营技术措施，为中国热带和南亚热带地区植被人工恢复以及该区域西南桦人工商品林可持续营建技术开发，也为中国当前大规模开展的低产、低效林改造，提供理论依据。

本书适合林业高等院校研究者及学生、林业基层工作者等人员参考。

图书在版编目（CIP）数据

西南桦人工林群落研究/王卫斌等著. —北京：科学出版社, 2018.7
ISBN 978-7-03-058194-5

Ⅰ. ①西… Ⅱ. ①王… Ⅲ. ①桦木属–人工林–森林群落–研究–西南地区 Ⅳ. ①S792.150.1

中国版本图书馆 CIP 数据核字(2018)第 141646 号

责任编辑：闫 群 / 责任校对：刘凤英
责任印制：关山飞 / 封面设计：张 放

科学出版社 出版
北京东黄城根北街 16 号
邮政编码: 100717
http://www.sciencep.com

北京科信印刷有限公司 印刷
科学出版社发行 各地新华书店经销
*
2018 年 7 月第 一 版 开本：B5 (720×1000)
2018 年 7 月第一次印刷 印张：9 插页：4
字数：172 000

定价：98.00 元

(如有印装质量问题, 我社负责调换)

《西南桦人工林群落研究》
著 者 名 单

主执笔人：王卫斌

参 著 人：吴兆录　杨德军　梁　妮

倪金碧　张劲峰　邱　琼

杨文忠

参著单位：云南省林业科学院

云南大学

前言

发展人工林已经成为中国林业发展的一个重要组成部分，既是保护天然林的重要措施，又作为一种增加森林资源有效的途径而成为中国所需木材的主要来源。其在全球森林资源中扮演着重要角色，是缓解采伐天然林资源提供木材供给的有效补充。一方面，人工林的迅速发展提供了各种木材和非木材产品，另一方面还提供了多重生态调节服务，对生态修复、景观重建和环境改善发挥着重要作用。中国人工林面积居世界首位，也是增长速度最快的国家。其中，作为林业大省的云南，地形地貌复杂，气候类型多样，宜林地资源和用材树种种质资源丰富，发展速生丰产林和珍贵用材林优势独特、前景广阔、潜力巨大，开展了大规模基地造林。云南省木材生产基地的快速发展，对缓解木材供需矛盾、巩固生态建设成果、增加森林碳汇、保障国家木材安全、促进林农增收和地方经济发展作出了重要贡献。

进入 21 世纪，随着世界经济全球化进程和生态环境保护压力的增大，人工林经营目标不断调整和改变，经历了从第一经营目标以木材生产为主逐渐向人工林多目标经营面向生态系统服务功能提升的战略转变。为此，需要探索有效均衡和协同不同地区、不同人工林生态系统服务的主导功能与多目标经营，籍以全面地发挥人工林生态系统在木材供给、改善生态环境及应对气候变化等多方面的重要作用。而西南桦作为中国热带山地、南亚热带及部分中亚热带地区的主要速生乡土阔叶用材造林树种之一，开展西南桦人工林生态学研究，改善人工群落培育中所存在的诸如树种单一、生物多样性低，病虫害不易控制，地力维护能力差等问题，已成为西南桦人工林可持续经营的迫切需要。

为此，“九五”以来，云南省林业科学院、中国林业科学研究院等科研机构相继开展“热区人工林可持续经营研究”“西南桦地理种源筛选与培育技术研究”“西南桦人工林的生态效益研究”“中国云南热带阔叶树种造林技术开发与示范”和“思茅松、西南桦短周期工业原料林优质、高效培育技术的研究”以及“云南思茅地区现代林业资源培育产业化试验与示范”等项目，在西南桦人工林特征方面开展大量的试验研究工作，为西南桦人工林营造技术开发提供理论依据。

本研究选择典型的热带季节性雨林向山地季风常绿阔叶林过渡区的西双版纳北部普文试验林场为研究地点，以 13 年生西南桦人工群落为对象，并以地带性植被山地雨林和西南桦天然林作对照，使用野外样方调查、室内理化分析和数学统计等方法，从群落学特征、土壤理化性状、群落生物量与初级生产力、群落碳储存能力等方面进行对比研究，探索西南桦人工林的结构与物种多样性、区系地理、生物量、土壤理化性状、碳储量等生态特征的动态变化规律及其相关性，为科学回答发展人工林对土壤、物种多样性、生态系统功能的影响提供依据。

该研究属于国家林业局中试项目“中国云南热带阔叶树种造林技术开发与示范（2003-09）”的一部分，项目研究成果得到了专家和同行的好评，并获得了 2006 年度云南省科技进步二等奖。

我们希望本书的出版能够对从事人工林造林的工作者和研究者有所裨益和帮助。同时，由于时间和自身水平限制，肯定还有许多不足之处，我们期待得到广大同行和读者的批评和建议。

王卫斌

2018 年 2 月 9 日

目　　录

第一章　西南桦及相关研究概况

第一节　研究背景

进入 21 世纪，木材问题越来越引起世界各国的高度重视和普遍关注，木材供给问题已由一般的经济问题逐步演变为资源战略问题。中国是一个木材生产大国和消费大国，又是一个木材进口大国，木材自给能力较弱，结构性供需矛盾突出，木材对外依存度保持在 40%的高水平上，随着世界传统木材出口国收紧甚至限制原木出口，中国木材安全受到严重威胁（陈勇，2008）。解决这一问题的根本出路在于大力发展人工森林（简称人工林）（盛炜彤，1999）。发展人工林，既是加快林业产业发展的物质基础，又是巩固生态建设成果、确保生态安全的重大举措；既是解决当前木材供需矛盾的迫切需要，又是增加森林资源储备、增强林业发展后劲的战略选择；既是促进农民增收的重要途径，又是实现经济社会全面进步、人与自然和谐发展的重要保障（兰兰和王立新，2007）。

联合国粮农组织最新发布的评估报告指出，亚洲地区森林面积，在 20 世纪 90 年代减少的情况下，近几年出现了净增长，主要归功于中国大规模植树造林，抵消了南亚及东南亚地区森林资源的持续大幅减少（FAO，2010）。在其评估世界人工林资源发展状况时指出，2005—2010 年世界人工林面积每年增加约 500 万 hm^2，主要原因是中国近年来在无林地上实施了大面积造林，保存的人工林面积已达 0.62 亿 hm^2，居世界首位。

发展人工林，作为一种增加森林资源的有效途径，不仅是保护天然林的重要措施，而且必将是今后木材的主要来源，已成为中国林业发展战略的重要组成部分（盛炜彤，1999）。更为重要的是，随着国家林业工作的发展，云南省 2009 年 11 月召开的省委林业工作会议明确了低产林的改造将成为今后林业工作的重点之一。低产林改造是否会造成生态退化问题，需要在翔实研究的基础上进行探索。

云南地形地貌复杂，气候类型多样，宜林地资源和用材树种种质资源丰富，发展速生丰产林和珍贵用材林优势独特、前景广阔、潜力巨大。云南省木材生产基地呈快速发展趋势。从 20 世纪 60—70 年代开始，云南确立了以基地造林带动用材林资源培育的发展思路，开展了大规模基地造林；到 20 世纪 80 年代，全省完成用材林基地造林 50 万 hm^2；从 20 世纪 90 年代中期起，又开始了第二轮速生丰产林基地建设，大力发展速生丰产林、短周期工业原料林，建成以云南松（*Pinus yunnanensis*）、思茅松（*P. kesiya* var. *langbianensis*）、西南桦（*Betula alnoides*）、秃杉（*Taiwania flousiana*）、桤木（*Alnus nepalensis*）、华山松（*P. armandi*）、杉木（*Cunninghamia lanceolata*）等乡土树种为主的用材林基地；进入21世纪，云南用材林培育势头迅猛，投资渠道呈现多元化，树种选择呈现多样化，截至2010年，云南全省用材林面积已达967万hm^2，蓄积6.8亿m^3，分别占全省林分面积的86.8%，活立木蓄积的42.3%（云南省林业厅，2011）。云南省木材生产基地的快速发展，对缓解木材供需矛盾、巩固生态建设成果、增加森林碳汇、保障国家木材安全、促进林农增收和地方经济发展做出了重要贡献。

西南桦为中国华南地区乡土阔叶树种，是海拔200～2600 m地带的荒地或刀耕火种后的丢荒地、采伐迹地及林分遭破坏后形成的林窗等立地更新的先锋树种，生长快，寿命长，尖削度小，树干通直，适宜培育大径材，已成为中国热带山地、南亚热带及部分中亚热带地区的主要速生乡土造林树种之一，无论在生态公益林体系建设，还是在商品林发展中都发挥着重要作用（王卫斌和张劲峰，2004）。目前，云南省西南桦人工林面积已达15万hm^2，主要集中分布于德宏、西双版纳、普洱、保山、红河、文山等多个地州（市）。德宏州种植面积已达10万hm^2，年均以7000 hm^2的速度发展（云南省林业厅，2011）。根据《云南省珍贵用材林基地发展规划》，到2020年全省将新造西南桦人工林9万hm^2。届时，西南桦将成为云南省最主要的珍贵用材树种之一。

大规模地发展单一的乡土树种人工林，作为一种增加森林资源的有效途径，在群落生态方面，会有什么样的效果或者后果？特别是在森林碳汇研究成为关乎全球变化关键问题的当今，人工林有多大贡献，起到什么作用？均需要深入研究。

因此，本研究选择地处热带北缘和亚热带过渡区的西双版纳普文试验林场造林后人为干扰相对较小的西南桦人工林为研究对象，与当地的地带性植被山地雨林、西南桦天然林进行比较，探索西南桦人工林结构、物种多样性、区系地理成分、生物量、土壤理化性状、森林碳储存量等生态特征的动态变化规律，以及这些生态特征的相关性，对西南桦人工林生态适应性与被恢复前景进行评价；以此为基础提出西南桦人工林可持续经营技术建议，为中国热带和南亚热带地区植被人工恢复，以及该区域西南桦人工商品林可持续营建技术开发提供理论依据和实践指导。

第二节　相关研究概况

植物群落学理论和方法博大精深，文献众多。以下仅就与本研究紧密相关的生物量、群落物种多样性、群落生活型、人工林土壤质量变化、植被动态研究等方面做简单概述。

一、生物量研究

测定人工群落的生物量，可以反映人工群落利用自然潜力的能力，衡量人工群落生产力的高低，也是研究森林生态系统物质循环的基础（方精云等，1996）。测定树种的生物量，对于评价该树种的生产力及提高营林水平和综合利用其产品都有重要意义。

生物量的研究始于1876年，Ebermeryer在德国进行了几种森林的树枝落叶量和木材测定；Jensen 在研究森林自然稀疏问题时，研究了森林的初级生产量；1929—1953年，Burger研究了树叶生物量和木材生产的关系；1944年，Kittredge利用叶重和胸径的拟合关系成功拟和了预测白松等树种叶量的对数回归方程（薛立和杨鹏，2004）。20世纪50年代以来，世界上开始重视对森林生物量研究。日本、美国相继开展了对森林生产力的研究，包括大量对生物量的调查。此后，在国际生物学计划（IBP）和人与生物圈（MAB）的推动下，生物量的研究发展迅速，有关学者研究了地球上主要森林植被类型的生物量和生产力，估算了地球生物圈的总生物量。研究方法变得多样化，精确度也逐渐提高。

中国森林生物量的研究开始于20世纪70年代后期，最早是潘维俦等（1979）对杉木人工林的研究，其后是冯宗炜等（1982）对马尾松人工林以及李文华等（1981）对长白山温带天然林的研究。刘世荣（1990）、陈灵芝等（1984）、党承林和吴兆录（1992）、薛立等（1996）先后建立了主要森林树种生物量测定相对生长方程，估算了其生物量；冯宗炜等（1999）总结了中国不同森林类型的生物量及其分布格局。目前，在中国有关研究者对几十种树种的生物量进行了研究，研究最多的是杉木，对松类、桉树类、其他阔叶树种和竹类也有较多的研究（薛立和杨鹏，2004）。

国内外近年来对许多树种的生物量进行了研究，并且逐渐扩大了研究范围，在个体、种群、群落、生态系统、景观、区域、生物圈等多尺度开展森林生物量的研究。对同一树种的生物量研究更加深入，研究内容包括同一树种不同地理种源、不同发育阶段、不同自然地带的生物量差异。研究手段日益先进，微观上采用先进的光合测定仪器，宏观上利用卫星遥感技术来估算森林生物量，同时对森林生物量的研究紧紧围绕气候、环境、资源等与人类生存和可持续发展密切相关的重大问题。引起生态学界和林学界极大关注的研究内容有土地利用方式的变化引起的森林生态系统总生物量变化；森林在减缓全球气候变化，特别是保持CO_2平衡中所起的作用；估计森林生态系统吸收大气中CO_2的能力；

森林生态系统结构和功能的整体性；对潜在生物量（potential biomass density）的估算；森林生态系统总有机物量和净生产量以及对森林生态系统生产力模型的研究（薛立和杨鹏，2004）。

二、群落物种多样性研究

生物多样性是当前群落生态学研究中十分重要的内容和热点之一。目前，有关生物多样性的研究以物种多样性的研究较多。物种多样性代表着物种演化的空间范围和对特定环境的生态适应性，是进化机制的最主要产物及生物有机体本身多样性的体现，所以物种被认为是最直接、最易观察和最适合研究生物多样性的生命层次。物种多样性的研究既是遗传多样性研究的基础，又是生态系统多样性研究的重要方面（王永健等，1998）。

在基于群落动态的物种多样性研究方面，严岳鸿等（2004）、Sheil（2001）、金则新（2002）等研究了群落演替过程多样性动态、变化规律及其对不同演替阶段的生态响应，发现群落物种多样性是随演替特别是次生演替的发展呈现先增加后降低的趋势。演替中期林下较多的光斑是有利于许多中性及阴性物种生存的，一般此时的多样性最高。Tabarelli 和 Mantovani（2000）、王微等（2004）、边巴多吉等（2004）提出林隙更新对森林结构动态和物种多样性维持具有重要的影响，林隙内的物种多样性（特别是灌木层与草本层）一般高于非林隙，更新层的物种多样性受林隙更新的影响最大，大体上随林隙年龄的变化，表现为单峰曲线，林隙的大小对物种多样性也有影响，但变化规律因地而异。Bossuyt 等（2002）、陶建平和臧润国（2004）、于顺利和蒋高明（2003）等先后开展了幼苗更新及种子更新与多样性之间关系的研究，结果表明：种子是群落更新的内在因素，幼苗更新是植被发展的潜在力量，在多样性垂直格局中对底层植被的多样性具有显著影响，与群落演替密切相关。Halpern（1995）、Leak 和 Smith（1997）、Schwilk 等（1997）、Hansen 等（1991）、Nagaike 等（2003）、郭正刚等（2003）学者为了解群落恢复过程与机理，并探求恢复和重建的有效途径，进行了大量与人为干扰（退化、恢复）相关的多样性研究，得出如下结论：人工播种恢复可能不及自然恢复的起伏大，竞争、入侵、生态位分化等差异显著，因此多样性变化的规律可能不同；对森林的抚育与管理也是影响植被恢复过程多样性的人类干扰，其作用不容忽视；不同程度人为干扰对草原、森林及城市地区植物等的多样性产生了影响。一般来说，中度干扰是最有利的，多样性一般最高，但 Schwilk 等（1997）的研究表明，中度干扰假说并不适用，火烧干扰条件下多样性最高，这是与其生境及对干扰的长期适应性决定的。

在与群落生境因子相关的物种多样性研究方面，杨万勤等（2001）、陈光升和钟章成（2004）开展了植物物种多样性与土壤养分水平的关系研究，提出土壤中的N、P、K水平与植物群落物种多样性之间存在显著的相关性，土壤许多酶的活性与植物多样性在不同程度上具有一定的正相关性，土壤含水量和水解氮与乔木层物种多样性有一定的相关性。许再富等（2004）、雷波等（2004）、沈泽昊等（2000）、彭闪江等（2003）在与地形因子相关的物种多样性研究方面开展了大量工作，发现坡向坡位等地形因子对物种多样性的影响也是比较复杂的，对于苔藓植物层片来说，坡向是形成其物种多样性组成和结构差异的重要环境因素；三峡大老岭森林地形因子对α多样性影响的大小顺序是：坡位＞海拔＞坡向＞坡面＞坡度＞坡形；由于小气候的关系，片断热带雨林的植物物种丰富度和物种多样性指数相对较低。生境异质性是引起群落物种多样性动态及差异的重要因素，而这些异质生境很大程度上是由环境因子（尤其是地形因子）的区域作用引起的。

生物多样性与生态系统之间的关系一直是人们关注但颇具争议的论题。目前，在其功能关系，尤其是物种多样性与生态系统稳定性的关系上争议很大，到底是物种组成的多样性还是功能的多样性影响生态系统的稳定性，还是两者都有其作用？人们开展大量工作试图揭示多样性与生态系统功能的内在关系（倪健和丁圣彦，2002；Tilman和Downing，1994）。忽视物种多样性和稳定性的不同生物层次可能是造成观点纷争的根源之一（王国宏，2002）。因为物种多样性在不同尺度上对于全局稳定性起着更明显的影响（张云飞等，1997），生态位互补效应可能是植物多样性群落具有高生产力的机制，而植物多样性对群落初级生产力稳定性的影响可能是通过不同功能群间的补偿作用来实现（白永飞等，2001）。物种多样性的变化意味着生物功能特征的改变，从而也影响了生态系统的结构与功能。高的物种多样性使得能量流动、营养关系多途径化，也增加了抗干扰入侵的能力。但是，这些作用很大程度上是优势种与优势功能群表现出来的，对多样性与生态系统功能关系的研究有待于进一步深入。

三、群落生活型研究

生活型是植物对环境条件适应后在其生理、结构，尤其是外部形态上的一种具体反映（Mueller-dombois D，1974；Whittaker，1970）。相同的生活型反映的是植物对环境具有相同或相似的要求或适应能力。一个地区植物生活型谱的组成与其生态环境的多样性密切相关。在生物进化过程中物种以相似的方式来适应相似的自然地理环境条件，因此，亲缘性很差的生物在相似的自然地理环境条件下会很相像，在形态上就表现出相似的外部特征。生活型是群落外貌特征的重要参数之一（刘守江等，2003）。

由于水热组合的不同，陆地植物群落生活型谱存在明显的地带性分异规律。

地带性规律包括水平地带性和垂直地带性，水平地带性又包括经度地带性和纬度地带性，植物群落生活型谱的地带性规律可以说是植物群落随着经度、纬度或海拔的变化，各生活型在生活型谱中所占的比例会发生相应变化的规律。董亚杰等（1996）、林鹏（1983）、江洪（1994）、于顺利等（2000）、王国宏和周广胜（2001）等研究结果表明：随着群落类型由热带到温带到寒温带的变化，表现出高位芽植物呈递减趋势，而地面芽植物呈递增趋势的地带性变化规律；海拔的升高和纬度的增加，常导致地面芽和地上芽的升高，但一年生种子植物变少；即使在同一个地点，不同群落的生活型也有差异，主要是海拔和地形等因素不同所致；各地区地下芽在生活型谱中所占的比例与该地区所处的纬度和海拔有关，并且与纬度的关系比海拔更为密切。刘庆等（1995）、郭柯等（1998）在生活型谱垂直地带性研究方面得出了植物生活型谱随海拔的变化规律：高位芽植物、一年生植物和隐芽植物在生活型谱中所占的比例随海拔升高而下降，地面芽植物和地上芽植物所占的比例随海拔升高而增加；隐芽植物是高山和极地气候特征的代表，是适应气候高寒特征的代表。

生活型是植物群落对综合生境长期适应的结果，具有一定的稳定性，因而可以通过不同植物群落生活型谱的比较，得出不同群落环境之间的相互关系，可以洞察控制群落的重要气候特征。相同的生活型能够反映出植物对环境具有相同或相似的要求或适应能力。用比较多个植物群落的生活型谱的方法可以发现控制和影响群落的主要气候因素，以及植物群落与环境之间的关系，还可以了解群落组成种的外貌特征随着地理位置或生境的改变而发生的变化。江洪（1994）把全球典型落叶阔叶林的植物生活型谱进行比较发现，虽然东亚、欧洲、北美各地区暖温带落叶阔叶林生活型谱的相似程度较高，但生活型谱在各地区之间的相似程度不如各地区内部高，这就明确地反映出不同地区的气候环境有差异，而且还与各地区落叶阔叶林的起源、形成和现有植物的组成及人类活动有密切的联系。

植物群落的生活型可以提供群落对特定环境因子的反应、空间利用和种间竞争关系等方面的信息，因此，在研究群落与环境之间关系，尤其在研究群落演替的过程时，结合群落物种组成的变化，生活型谱分析可以阐明群落的演替动态、环境对群落演替的影响和群落对环境变化的反应等。Raunkiaer（1932）认为从不同纬度地区或垂直带的植物群落生活型谱的分析中，可以了解到植物分布结构随气候梯度的变化规律。郭泉水等（1999）采用 Raunkiaer 的生活型分类系统，将中国主要森林群落的植物生活型谱划分为 11 种类型，为深入研究中国森林群落学特征和群落分类提供定量依据。沈显生（1999）将植物群落的生活型谱用到安徽省植被带的划分中，提出了安徽省暖温带落叶阔叶林带，亚热带常绿、落叶阔叶混交林地带，以及亚热带常绿阔叶林地带的分界线。

四、土壤质量变化研究

早在 20 世纪 70 年代初，土壤质量这个名词就出现在土壤学文献中，随着时代的发展，科学技术水平的提高，土壤质量的概念也在不断发展变化，土壤质量的内涵和外延更加深远，与人文社会等因素联系也更为紧密。美国土壤学会把土壤质量定义为有土壤特点或间接观测（如紧实度、侵蚀性和肥力）推论的土壤的内在特性（刘晓冰等，2002）。Power 和 Myers（1989）认为土壤质量是土壤供养维持作物生长的能力，包括耕性、团聚作用、有机质含量、土壤深度、持水能力、渗透速率、pH 变化、养分能力等。Larson 和 Pierce（1991）把土壤质量定义为土壤在以下物理、化学和生物方面的特征：为植物生长提供生育的基质，调节和分配环境中水的运动，作为环境中有害化合物形成、减少和退化的缓冲剂。Parr 等（1992）将土壤质量定义为土壤长期持续生产安全营养的作物，提高人类和动物健康，并不破坏自然资源或环境的能力。目前国际上比较通用的土壤质量概念是 Doran 和 Parkin（1994）从生产力、环境质量和动物健康三个角度对土壤质量的定义：土壤在生态系统中保持生物生产力、维持环境质量、促进植物和动物健康的能力。

中国土壤学界根据中国的科学实践，参考了 Blum 和 Santelies（1994）阐明的土壤具备的六大功能，在 Doran 和 Parkin 定义的基础上给土壤质量的定义为土壤质量是土壤在一定的生态系统内提供生命必需养分和生产生物物质的能力；容纳、降解、净化污染物质和维护生态平衡的能力；影响和促进植物、动物和人类生命安全和健康的能力之综合量度（曹志洪，2000）。简言之，土壤质量是土壤肥力质量、土壤环境质量和土壤健康质量三个既相对独立而又有机联系的组分之综合集成。目前，对人工林土壤质量还没有统一的概念，按照曹志洪和史学正（2001）的定义可以将人工林土壤质量定义为土壤支持树木生长的能力，由两部分组成：一是土壤支持树木生长的本质或内在能力部分；二是由管理措施引起的动态变化部分。它是森林土壤肥力质量、土壤环境质量和土壤健康质量三个既相对独立而又有机联系的组分之综合集成。

土壤质量的研究最初集中于生产食物和纤维的农业土壤，因此土壤质量被看作是连接保护性农事生产及可持续农业的纽带与桥梁，随着人们认识的深入，土壤质量的研究逐渐扩展到牧场土壤、森林土壤，后又涵盖了受工业、军事、建筑、采矿等干扰的土壤（蒋端生等，2008）。到了 20 世纪末、21 世纪初，土壤质量研究成为国际土壤学的研究热点并频繁引用。土壤质量与水和空气的质量一样对生物生产能力和生物与人的健康有强烈的作用与影响。美国国家科学院已把保护土壤质量看作像保护空气和水一样重要，并且把它列为国家环境政策的一项基本目标（熊东红，2005）。由于水和空气是被生命直接吸收消化或呼吸消耗的，因此其质量的定义、指标和标准都比较容易统一认识，争议较少，而土壤则只是其中的一些成分，有的可被生命体直接吸收消化，有的对生物的生命活动和健康有间接的影响，或者这些成分受人为管理和其他条件的干扰而变化很大。因此，在土壤学界、农学界对土壤质量的定义和标准还有一些不同看法。随着时代的发展，科学技术水平的提高，土壤质量的研究不断深入，主要研究方向集中在土壤质量与可持续农业和环境、土壤质量的评估、土壤质量变化的动因及后果、土壤质量的动态监测以及土壤质量的保持与提高途径等方面（张桃林等，1999）。

在林业生产实践中，中国对土壤质量研究最早可追溯到20世纪60年代初，尽管当时并没有提出土壤质量的概念，事实上当时对人工林地力衰退的很多研究内容即是人工林土壤肥力质量的研究内容（杨承栋，1997）。20世纪90年代后，人工林土壤质量的研究有了大量的报道，然而对人工林土壤质量的研究主要还是集中在土壤的肥力质量及林地土壤质量评价上，土壤环境质量和土壤健康质量因林业的复杂性，研究还不够深入。

影响土壤质量的因素很多，包括生物、物理、社会经济、技术等综合因素，这些因素相互作用，影响土壤质量（蒋端生等，2008）。一般认为土壤的内在质量相对比较稳定，它主要是母质、气候、生物、地形、时间等长期相互作用的结果，对土壤本身的理化特性、生物学特性影响较大（刘世梁等，2006）。在诸因素中不可忽视的是第六因素——人为因素，不合理的人类活动所引起的土壤质量退化，无论是在范围还是在程度上均比自然因子的影响严重得多。如不合理的耕作造成土壤风蚀、水蚀，导致土壤结构变坏，进而又加剧了土壤的侵蚀，形成恶性循环（张华和张甘霖，2001）。导致土壤质量恶化最直接、最主要的途径是土壤退化。土壤退化的表现形式很多，如土壤风蚀、水蚀，土壤生物量减少，结构破坏，土壤盐渍化和土壤污染（化学污染、有机污染）等。这些作用最终导致土壤生产力、动植物产品质量、生物多样性的下降而危及环境和人类健康。

目前，研究土壤质量演变规律、土壤质量指标与评价方法、土壤与土地质量动态数据库及管理信息系统、土壤质量与水、大气环境质量及动植物和人类健康之间的关系、土壤质量保持与提高的途径及其关键技术等方面的研究，已成为土壤科学研究的重点（张桃林等，1999）。

五、植被动态研究

植被动态研究一直是植被生态学研究的主要内容和热点问题之一，19世纪后期以来，植被动态研究已由萌芽和发展阶段逐步走向成熟。近20年来，随着种群动态、生态系统结构与功能以及植被数量分析和模拟等方面研究的不断深入，植被动态的研究领域不断扩大，内涵日益广义化，研究内容也从群落的演替扩展到群落的动态、更新、进化和边缘效应等（丁圣彦和宋永昌，2004）。不仅如此，随着人类活动的加剧，植被的退化和恢复问题也备受关注。因此，植被的退化、恢复和重建也成为植被动态研究的主要内容。

（一）演替研究

演替是一个植物群落被另一个植物群落取代的过程，它是植物群落动态的一个最重要的特征，也是生态学中最重要的概念之一（熊文愈和骆林川，1989）。演替有广义和狭义之分，广义上讲是指植物群落随时间变化的生态过程，狭义上讲是指在一定地段上群落由一个类型变为另一类型的质变且有顺序的演变过程。由于演替研究与农、林、牧和人类经济活动紧密相连，是合理经营和利用一切自然资源的理论基础，因此，演替研究有助于对自然生态系统和人工生态系统进行有效的控制和管理，并且可指导退化生态系统恢复和重建，以至于 Odum（1971）认为“生态演替的原理同人与自然之间的关系密切相关，是解决当代人类环境危机的基础”。19 世纪以来，国内外学者对植物群落演替的现象、规律、演替的机制和演替植物种类的生理生态特性及不同演替阶段起决定作用的优势种生理生态特性的变化等进行了研究（任海等，2001）。

1825 年，法国 Dureaudela Malle 首先将演替一词应用于植物生态学研究中，但直到 20 世纪 20 年代，Clements 才系统地提出演替学说。Clements 完成了植物演替近代概念的形成，提出了演替系、演替期以及顶极群落的概念和分类方法。20 世纪初期，对演替的研究主要是以定性描述为主。20 世纪 50 年代后，群落演替研究中的动态观点在北美生态学界得到维持和发展。Curtis 等强调植被在空间和时间上连续变化的思想。Lindeman 将 Tansley 的生态系统概念应用到演替研究中，使得人类对演替规律的研究进入更为宏观的水平（周灿芳，2000）。

中国于 20 世纪 20 年代就开始对植被的演替进行研究。著名生态学家李顺卿、刘慎锷的博士论文均对植被的演替进行了研究（周灿芳，2000）。20 世纪 50 年代以后，曲仲湘和文振旺（1953）、董厚德和唐炯炎（1965）等对植被演替的趋势、规律等作了较为详尽的研究。20 世纪 80 年代以来，受国际生物学规划（IBP）的推动，在广东省鼎湖山和鹤山、海南尖峰岭、四川缙云山、浙江天童山、云南哀牢山、福建武夷山逐步形成中国各具区域特色的研究基地。具有代表性的工作有王伯荪和马曼杰（1982）对鼎湖山森林群落 25 个种演变过程的研究；杨龙（1983）、朱守谦和杨业勤（1985）等对植物群落结构和动态进行的研究；王伯荪和彭少麟（1983；1985a；1985b；1986）对南亚热带森林群落动态的研究，其中对鼎湖山森林群落进行了系列分析，分别从物种联结性、相似性与聚类分析、线性演替系统与预测以及生态优势度等方面进行了大量研究；彭少麟等（1987a；1987b；1995）对南亚热带森林群落的生态优势度、森林群落稳定性与动态测度、植被演替过程中的种群动态以及群落演替过程中的组成和结构动态等方面进行了详尽研究。

对问题不同看法的争论推动学科的发展。目前关于演替的理论有9种基本学说，从深层次看演替研究历史可知，主要是两种哲学观或尺度的问题（Wilson，1988）。9种基本学说包括：①接力植物区系学说：群落中的植物总是不停地对不断变化的资源进行竞争，竞争胜者成为优势种，但一定时间后，新进入的种竞争力更强而成为新的优势种；②初始植物区系学说：演替不仅源于已有群落对环境的改变，也取决于哪些物种或个体最先占据已经存在的有效资源；③Connell- Slatyer三重机制学说：种群通过促进、抑制和忍耐三重机理进行替代和演替；④生活史对策演替学说：根据生活史等将植物划分为r、C、S对策种，r对策种因适应于临时性资源丰富环境而多为先锋种，C对策种因一直处于资源丰富环境而多生于演替中期，S对策种因忍耐力强而多生于演替后期；⑤资源比率学说：根据物种在限制性资源比率中的竞争力强弱而发生物种更替；⑥Odum-Margelef生态系统发展理论：从整体论观点出发，强调群落和生态系统在功能方面的共同特征而不是在结构和种类组成方面的具体差异；⑦McMahon系统概念模型：群落演替在环境和干扰影响下速率和方向会改变，而且演替不收敛于顶极；⑧变化镶嵌体稳态学说；在小尺度上，群落通过重组、加积、过渡和稳定态等缀块存在；在大尺度上它们形成一个镶嵌体；⑨演替尺度等级系统观点：从3个层次解释演替，最高层次为演替的一般性原因，中间层次为不同生态过程，最低层次是每一生态过程的详细原则。

（二）植物群落更新研究

群落更新是指因植物个体衰老枯倒或自然和人为因素造成的林窗或林隙中，由原种群或相同性质种群的新个体更替的动态变化过程。这个过程是以不影响群落的总体宏观结构和性质为标志，是群落得以发展的重要基础（彭少麟，1996）。

关于群落更新的理论有许多，Aubrevill提出了镶嵌或循环更新理论（mosaic or cycle of regeneration）：将一个广大面积的混合森林当作一个镶嵌，每个外缀单位是优势种的不同组合，在任何一个容纳不同组合的小面积上，是通过表现为或多或少的循环式的更新而得以继承与维持的（周灿芳，2000）。彭少麟（1996）提出了解释复合森林群落更新机理的复合循环模型（complex cycle regeneration model），该模型说明了在混合森林中，许多老树衰亡后并不由原种所更替，但森林群落仍可保持本身性质的原因。Spragel 研究了更新波（regeneration wave）现象，苏联学者 Toped 根据对冷云杉的更新研究创立了树种更新学说（周灿芳，2000）。

研究森林群落更新的方法有很多，随着科技的不断发展以及各种分支学科理论的互相渗透，用于研究群落更新的方法将会越来越多。目前，主要有以下几种：通过研究种子雨、种子库的动态、种子的萌发、幼树生长的时空动态来研究群落的更新；通过更新苗的分布与生态因子的关系来研究群落的更新；通过研究林窗（gap）的形成、特征及其在森林动态中的作用来研究群落的更新；将生态场（ecological field）理论应用于沙地云杉种群更新的研究（周灿芳，2000）。

第三节 西南桦研究概况

一、西南桦的生物学、生态学特征

（一）形态特征

西南桦为落叶乔木，树高可达 30～35 m，胸径 0.8～1.0 m。树皮褐色至红褐色，具光泽，有多数环形大皮孔，横向剥裂；枝条细软下垂，小枝幼时被软毛，后逐渐脱落无毛，通常具树脂腺体，被白色小皮孔。叶厚纸质，长卵形或卵状披针形，长 4～12 cm，宽 3～5 cm，先端渐尖至尾状渐尖，基部楔形、宽楔形或圆形，叶缘具不规则垂锯齿，上面无毛，下面沿脉被长柔毛，脉腋间具髯毛，余无毛，密生腺点，侧脉 10～13 对；叶柄长 1.5～3 cm，密被软毛和腺点。花单性，雌雄同株，雄花序下垂，长可达 12 cm。果序长圆柱形，2～5 个排成总状，下垂，长 5～10 cm，直径 0.4～0.6 cm，总梗长 0.5～1.0 cm，下序梗长 0.3～1.0 cm，均被黄色柔毛。果苞小，长约 0.3 cm，外密被短柔毛，基部增厚，呈楔形，上部具 3 裂片，侧裂片不甚发育，呈耳突状，中裂片披针形或长圆形；果为小坚果，倒卵形，长 0.15～0.2 cm，背面被短柔毛，果翅膜质，大部分露于果苞外面，宽为果的 2 倍（王卫斌，2005）（图 1.1）。

（二）地理分布

1. 水平分布

西南桦属中国华南及西南地区的乡土阔叶树种，其天然林主要分布于云南省东南部、南部、西部及西北部的怒江峡谷地区，广西西部，海南的尖峰岭、坝王岭、吊罗山林区以及中部黎母山区，四川西南部的德昌一带，以及西藏墨脱地区

图 1.1　西南桦形态图（云南省林业科学院，1985）

1. 果枝；2. 雄花枝；3～4. 果苞背腹面；5. 小坚果；6. 苞鳞内的 3 雄花；7. 雄花基部的 2 小苞片；8. 雄蕊；9. 3 雄花的示意图；10. 苞鳞内的 3 雌花；11. 雌花苞鳞背面；12. 三朵雌花

喜马拉雅东部雅鲁藏布江大峡弯河谷地。与中国西南部、西部接壤的越南、老挝、缅甸、印度、尼泊尔亦有分布（王卫斌，2005）。其东界位于中国广西，大致为天峨、南丹、河池、大化、苹果、大新、龙州一线，在河池市以西；南界则在越南、老挝、缅甸等国境内，越南的西南桦最南可分布至凉山市，纬度与中国凭祥市差不多；西界在缅甸境内；北界位于中国的云南和广西，包括云南的泸水、保山、南涧、双柏、新平、砚山、广南、富宁以及广西的西林、隆林、田林、乐业、天峨一线。中国云南、广西与越南、老挝和缅甸的分布区连成一体，是西南桦的中心分布区，大致位于 21°～26° N，97°～108° E。

2. 垂直分布

中国西南桦天然分布的最低海拔为200 m，位于广西百色和云南富宁的剥隘；分布最高点见于金平分水岭，海拔2600 m，有文献提出最高海拔达2800 m。西南桦的垂直分布与中国西高东低的地势、地貌及其形成的特殊区域气候特征有关，随地形、地貌、地理位置以及原生植物状况而异。尽管它在热带地区的中高山地及部分中亚热带地区有分布，但从其最适气候条件要求分析，西南桦是一个典型的南亚热带树种（王卫斌，2005）。

（三）生长特性

西南桦是荒地或刀耕火种后的丢荒地、采伐迹地及林分遭破坏后形成的大林窗等立地更新的先锋树种，生长快、尖削度小，树干通直，适宜培育大径材。在天然条件下，西南桦一般20～30年便可成材利用，胸径年均生长量1.0～1.5 cm，树高0.7～1.0 m。据46年生解析木分析，高31.6 m，胸径36.1 cm。胸径和树高生长从10年左右明显加快。树高的生长峰值出现在15年生，年生长量达0.86 m，到第45年后有下降趋势，而胸径的生长峰值出现在第49年，年生长量达1.02 cm，直到46年生时仍无下降趋势，年生长仍在1.0 cm。而材积的生长到46年生时，平均生长量和连年生长量仍未相交，预期数量成熟龄到来较晚（王卫斌，2005）。

采于西双版纳普文海拔950 m密林中的解析木：30年生，胸径34.3 cm，树高24.6 m，单株材积0.96 m^3。在景东海拔1500 m林中的西南桦：32年生，胸径35.0 cm，树高23.1 m，单株材积0.94 m^3。

西南桦人工林生长速度更快，10年生以前为径、高生长速生期，胸径和树高年均生长量分别为1.5～2.5 cm、1.0～1.5 m；10～20年生为中速生长期，胸径和树高年均生长量分别为1.0～1.5 cm、0.8～1.2 m；20年生后进入缓生期，径、高年均生长量分别为0.8～1.0 cm、0.2～0.5 m。

西南桦属落叶乔木，落叶后约1个月开始开花，属先花后叶植物，受气候条件制约，各地花期、果期不一致，一般是1—2月开花，3—4月果成熟，果实成熟时即开始展叶。

（四）适生环境

1. 光照

西南桦是常绿阔叶林区的次生林先锋树种，为强阳性树种，不耐荫蔽，只有在光照充足的条件下才能生存和生长，在郁闭林冠下难以更新，而一旦林分遭破坏，出现林窗，随着光照条件的改善，西南桦天然更新良好。尽管如此，西南桦在幼苗阶段可以忍耐一定程度的荫蔽。育苗试验的结果证明，西南桦幼苗生长初期仍需要适当遮阴，50%～75%的荫蔽度有利于西南桦移植苗的成活（王卫斌，2005）。

2. 温度

西南桦天然分布区的年均气温 13.5～20.6℃，1 月平均气温≥5.2℃，7 月平均气温≤27.1℃，极端最高气温 41.3℃，极端最低气温–5.7℃，≥10℃的活动积温 3824.3～7235.0℃。其最适温度范围：年均气温 16.3～19.3℃，1 月平均气温 9.2～12.6℃，7 月平均气温 21.4～24.2℃（王卫斌，2005）。

3. 湿度和降水

西南桦分布区的年平均相对湿度在 70%以上，最高可达 90%。降水量一般超过 1000 mm，低者也在 800 mm 以上，最高可达 2000 mm 以上（王卫斌，2005）。分布区内干湿季节明显，每年有长达 4～6 个月的旱季。西南桦具有较强的旱生性，表现为旱季落叶，这一特性是对旱季较长的中国热带、南亚热带地区的一种生态适应。

4. 土壤与母岩

西南桦是深根性树种，根系发达，对土壤的适应性广，可在花岗岩、页岩、砂岩、片麻岩、火山岩等母质发育的砖红壤、山地红壤、山地黄壤、山地黄棕壤等类型土壤上生长，在石灰岩发育的土壤上亦见其分布。西南桦分布区土壤呈酸性或微酸性，pH 4.2～6.5。西南桦对土壤肥力要求也不苛刻，能耐一定程度的瘠薄，在土层浅薄、岩石裸露的立地以及严重水土流失的立地亦能生长，但尤喜深厚、疏松、排水良好的土壤（王卫斌，2005）。

5. 植被

西南桦是荒地或刀耕火种后的丢荒地、采伐迹地及林分遭破坏后形成的大林窗等立地更新的先锋树种。西南桦林多为常绿阔叶林遭受严重破坏后形成的次生林。林相较整齐，林分结构简单，纯林少见（王卫斌，2005）。以西南桦占优势，多为单层混交林。混生树种常见的有杯状栲（*Castanopsis calathiformis*）、截头石栎（*Lithocarpus truncatus*）、檫木（*Sassafras tzumu*）、红木荷（*Schima wallichii*）等。在思茅松林区又多与思茅松、红木荷、麻栎（*Quercus acutissima*）等组成混交林。在稍干热地区可与山黄麻（*Trema orientalis*）、白头树（*Garuga forrestii*）等混生。在温凉湿润地区又常与桤木组成混交林。据广西靖西魁圩的样地调查结果，约 20 年生的西南桦林高达 20 m 以上，分 3 个亚层，西南桦占据林分的 A、B 两个亚层，仅少数栲树（*Castanopsis* spp.）、红木荷侵入第二亚层，第三亚层为栲树、毛杨梅（*Myricae sculenta*）、红木荷等常绿阔叶树种，林冠下西南桦更新不良，甚至完全绝迹，群落朝向常绿阔叶林地带性的顶极群落演替。在百色，西南桦侵入马尾松（*P. massoniana*）、杉木人工林。在广西大青山橄门林区，西南桦位于林分上层，主要伴生树种有刺栲（*C. hystrix*）、鹅掌柴（*Schefflera octophylla*）、米老排（*Mytilaria laosensis*）等。西南桦在西藏墨脱地区低山半常绿雨林中是主要的伴生树种，散布于阿丁枫（*Altingia excelsa*）+小果紫薇（*Lagerstroemia minuticarpa*）群落、阿丁枫群落，并侵入桤木群落以及中平树（*Macaranga denticulata*）+鸡素子果（*Ficus semicordata*）+桤木群落等次生群落。

二、西南桦的栽培利用

（一）西南桦种质资源的收集保存

“九五”期间西南桦种质资源的收集工作规模较小，主要在种源水平上进行，收集到云南、广西和海南 14 个种源。“十五”以来种质资源收集工作得到显著加强，2000 年中国林业科学研究院热带林业研究所收集了 11 个广西种源，约 190 个家系的种子；2001 年收集了 14 个云南种源，约 260 个家系的种子，收集的种质资源除了以种子形式贮藏于冰箱外，在云南勐腊、广西凭祥结合良种选育试验还进行了保存；2004 年对海南岛的西南桦种质资源进行了调查（施国政等，2004），由于结实母树较少，4 个种源仅收集到 10 余个家系的种子；2005 年新增采种 5 个种源，并对以前的部分种源进行了家系扩大采种，从而使目前收集到的西南桦种质资源达到 30 个种源，约 700 个家系；并且应用前期收集到的广西种源，在表型和等位酶水平上系统揭示了西南桦居群的遗传多样性和遗传结构，分析了西南桦种质资源的遗传现状，初步提出西南桦种质资源的收集、保存和应用策略（曾杰等，2006；曾杰等，2005；曾杰等，2003；Zeng 等，2003；Zeng 等，2002；郑海水和曾杰，2004）。

（二）良种选育

“九五”以来，中国林业科学研究院热带林业研究所与一些单位合作，相继开展了西南桦种源选择试验和种源家系联合筛选试验。“九五”期间在广州帽峰山、广西凭祥、云南景东以及云南普文林场开展种源选择试验，已对苗期和幼林早期试验结果进行了初步总结（郑海水和曾杰，2004；郑海水等，2001；王庆华等，1999）。

“十五”期间在云南勐腊、广西凭祥以及福建华安建立了种源家系联合筛选试验林，目前广西凭祥与福建华安试点的苗期试验结果已经总结发表(陈国彪，2005；郭文福等，2005)；云南省林业科学院亦报道了优良家系苗期选择试验结果（毕波等，2005；陈强等，2005）。由于这些结果只是苗期试验结果或幼龄早期测定结果，尚需进一步开展选择研究。

（三）栽培技术研究

1. 种苗繁育

1）实生繁殖

曾杰等（1999）通过多年的调查采种，已基本掌握了各地西南桦种子的成熟期：云南、广西主要在1—3月，海南在3—5月。种子采用低温贮藏，其温度以不高于10℃为宜；常温干燥贮藏亦是有效方法（曾杰等，2001）。

早期西南桦造林以裸根苗为主，现在大多使用容器苗，因此郑海水等（1998）、蒋云东等（2003）分别进行了育苗基质筛选试验和容器规格试验；翁启杰等（2004）对西南桦实生苗培育技术作了详细的论述；也有学者应用菌根菌（弓明钦等，2001）、生长促进剂（王凌晖等，2002）以及采用施肥（蒋云东等，2003）等措施促进苗木生长，提高苗木抗性；杨斌等（2003）尝试了以苗高为主要指标进行容器苗苗木分级，若结合各级苗木的造林效果进行分析，似乎更具实用性。

2）无性繁殖

对西南桦无性繁殖技术方面的研究较多，陈伟等（2004）从造林后8个月生幼树上采集枝条应用生根粉进行扦插试验，发现不同生根促进剂和插穗木质化程度处理下，西南桦的生根率都在74.00%以上，最高达97.56%；利用初选出的7个优良单株材料开展扦插效果试验，发现不同无性系间扦插生根能力存在显著差异（陈伟等，2004）。曾杰等（2006）亦曾采用半年生苗木上采集的枝条开展过扦插试验，发现不用生根促进剂的条件下生根率为28%，应用IBD-2#生根粉，生根率为80%；对于西南桦幼嫩材料，扦插生根较为容易，关键是抓好扦插后的水分与温度管理。

西南桦的嫁接难度比较大，要求严格，接穗的采集、嫁接时间、砧木的生长状况、接穗与砧木的亲和力、嫁接工的熟练程度以及嫁接后的管理均要掌握恰当，任何环节的疏漏都可能导致嫁接失败。赵志刚等（2006）通过多年的枝接试验发现：西南桦嫁接的最佳时间一般为9月中旬，即新芽生长饱满而未萌发之前；21个优良无性系间嫁接成活率存在明显差异（16.7%～100.0%），砧木直径以大于0.5 cm为宜。黎明和卢志芳（2005）采用芽接亦获得成功。西南桦的组织培养研究已从愈伤组织培养（樊国盛和邓莉兰，2000）和以芽繁芽（韩美丽等，2002；刘英等，2003）两条途径进行，但大多采用以芽繁芽途径，其组培成功的关键在于外植体消毒和增殖培养，以后的继代培养以及生根培养相对容易得多。韩美丽等（2002）以改良 MS 为基本培养基，附加 1.0～3.0 mg/L BA，成功地诱导西南桦侧芽再生不定芽，添加 1.0 mg/L KT 可明显提高不定芽发生率。刘英等（2003）则以 MS 为基本培养基，用低浓度（0.2 mg/L）的 IBA 或 NAA，通过调整大量元素配比突破了侧芽增殖诱导，增殖倍数达 4 倍以上，达到工厂化生产要求。

2. 造林技术

西南桦造林一般采用带垦或穴垦整地方式。初植密度可采用株行距 2 m × 3 m 或 3 m × 3 m 种植方式（黄镜光和冯益谦，1991），条件较差立地宜采用 2 m × 3 m 株行距，条件较好立地宜采用 3 m × 3 m 株行距（郑海水等，2003；郑海水和曾杰，2004）。对于混交研究尚较少报道，杨绍增等（1996）研究了西南桦与马占相思（*Acacia mangium*）的行间混交，认为西南桦与马占相思是一个合适的混交组合，但应适当加大西南桦的比例。一些天然林调查结果表明：西南桦可与壳斗科、樟科、山茶科、松科、杉科等的树种混交（Zeng 等，1999；云南省林业科学院，1996），但混交方式和混交比例有待进一步研究。一些单位曾采用西南桦与马尾松 1∶1 比例混交，导致马尾松严重被压而使混交造林失败，这与混交比例不当有关。西南桦与松类强阳性树种混交，宜采用 1∶4～1∶6，与中性或偏阴树种混交宜采用 1∶2～1∶4（黄镜光和冯益谦，1991）。

目前西南桦的幼林抚育通常采用常规的全面抚育方式。事实上，由于高温与强光对西南桦幼林生长不利，因此不宜采用全面抚育，以免抑制幼树生长，强光造成幼树灼伤；而采用带状或穴状抚育，保留部分地被覆盖，似乎对西南桦生长更有利（郑海水等，2001）。

（四）西南桦人工林发展现状

中国开展西南桦人工造林已有 20 余年的历史，主要集中于云南、广西和广东。随着西南桦木材用途的开发，市场对西南桦木材的需求日益增加，导致西南桦资源储量日益减少。云南、广西等地的大径材资源已近枯竭，仅在自然保护区、水源林区以及交通不便的地区尚存少许。目前中国部分西南桦木材通过边贸从越南、老挝、缅甸等国进口。尤其是中国实施天然林保护工程以来，西南桦天然林资源已全面停止采伐，供求矛盾日趋激烈。为满足市场的需求，在增加西南桦木材进口量的同时，云南、广西等省区各级林业部门认识到西南桦巨大的发展潜力与前景，纷纷大力发展西南桦人工林，广东省也开展引种或试种（王卫斌和张劲峰，

2004）。云南省营造了西南桦人工林近 15 万 hm^2，主要分布在西双版纳、思茅、保山、德宏和红河 5 个地州（市）的 14 个县。“十五”期间，云南省就将西南桦列入珍贵用材林基地建设的首选树种。广西在南宁、百色、昭平等市（县）大面积营造西南桦，其中，百色市已营造了 2000 hm^2 西南桦人工林，“十五”林业发展规划已将其列为重点发展的珍贵速生丰产林树种，计划营造西南桦速生丰产林 3 万 hm^2。西南桦在广东省的引种试验始于 20 世纪 90 年代中期，已先后在广州、开平、肇庆和韶关等地进行了西南桦试种或引种，生长表现良好，适应性较强。2001 年在肇庆北岭山林场的旱瘠低丘立地上试种了西南桦 1.0 hm^2，株行距为 2.6 m × 2.6 m，1.5 年生时已接近郁闭，平均树高 3.2 m，优势木平均高 4.1 m；在高要白诸镇的光板地造林，1.5 年生时平均胸径、树高分别为 2.2 cm 和 2.7 m，优势木平均胸径和平均树高为 3.5 cm 和 4.0 m。在开平镇海林场，1.5 年生的西南桦幼林平均树高 3.2 m，胸径 2.8 cm，生长最快的 1 株优树高达 4.2 m，胸径 6.5 cm。

三、西南桦人工林特征研究

西南桦作为中国热带山地、南亚热带及部分中亚热带地区的主要速生乡土阔叶用材造林树种之一，开展西南桦人工林生态学研究，改善人工群落培育中所存在的诸如树种单一、生物多样性低、病虫害不易控制、地力维护能力差等问题，已成为西南桦人工林可持续经营的迫切需要。为此，“九五”以来，云南省林业科学院、中国林业科学研究院等科研机构相继开展了“热区人工林可持续经营研究”“西南桦地理种源筛选与培育技术研究”“西南桦人工林的生态效益研究”“中国云南热带阔叶树种造林技术开发与示范”和“思茅松、西南桦短周期工业原料林优质、高效培育技术的研究”以及“云南思茅地区现代林业资源培育产业化试验与示范”等项目，在西南桦人工林特征方面开展了大量的试验研究，为西南桦人工林营造技术开发提供了理论依据（王卫斌，2006）。

王卫斌（2006）、陈宏伟等（1999；2002；2004；2006）、曾觉民等（2002）、王达明等（2002）、郭志坤（2004）从物种多样性、结构、功能以及生物量等方面，开展了西南桦人工林基础生态学研究，并与当地山地雨林、季风常绿阔叶林和热带次生林进行了比较研究，结果表明：①普文 11 年生西南桦人工林群落仍然是以热带成分为主的植物区系，泛热带属 31 属占 41.9%，热带属 13 属占 17.6%，旧世界属 12 属占 16.2%，三者之和共计 75.7%，热带属占优势，人工造林并没有完全改变其造林前区系特征。西南桦人工林群落在区系组成上基本与造林前的植被一致，西南桦人工林是以热带属为主，在分布区类型的属数上与山地雨林基本相同。垂直结构简单，乔木层即西南桦一层，下层植被发达。生活型结构特征为中大乔木占 8.1%，小乔木占 5.3%，灌木占 22.2%，草本占 18.2%，藤本植物占 26.3%。②马占相思+西南桦人工林群落林下植物的生活型谱以高位芽植物为主，其次为地面芽植物；小高位芽植物在高位芽植物中所占比例较高；其叶型谱以中型叶为主。生活型谱和叶型谱都与热带、南亚热带的群落相似。③西双版纳普文林场西南桦人工林生物量 4 年生为 19.54 t/（hm^2·a），13 年生为 84.29 t/（hm^2·a）；西南桦年平均净生产力 4 年生为 8.76 t/（hm^2·a），13 年生为 26.52 t/（hm^2·a）。两个龄级林分生态系统的生物量分配格局为：乔木层＞草本层＞灌木层＞枯枝落叶层。其中，乔木层生物量 4 年生为 7.55 t/（hm^2·a），13 年生为 56.22 t/（hm^2·a）；净生产力 4 年生为 2.67 t/（hm^2·a），13 年生为 5.45 t/（hm^2·a）；其生物量分配格局均为：树干＞根＞枝＞叶。同时，建立了预测 2 种龄级西南桦人工林及其器官生物量的回归模型，以供生产中推广运用。④西南桦人工林具有良好的生态恢复功能。

陈宏伟等（1999）通过相邻格子样方法研究西南桦人工林种-面积曲线及其取样样方数，认为西南桦人工林群落最小取样面积为 250 m^2（15.8 m × 15.8 m），相邻格子样方法调查时基本样方取 5 m × 5 m，样方数目 9 个以上。

王达明等（2003）、李莲芳等（2006）对普文西南桦人工林特性进行了深入研究，结果表明：9 年生西南桦人工林平均胸径 13.6 cm，平均树高 20.55 m，密度 1170 株/hm^2，蓄积量 183.8889 m^3/hm^2，表现出很好的速生性；西南桦造林后迅速进入速生期，7 年生人工林尤为速生，速生期可延续至 10 年生林分。

李根前等（2001）、郑海水等（2003）研究了不同立地条件和造林密度对西南桦人工幼林生长的影响，试验结果显示林分上层高和平均高与立地腐殖质层厚度、坡位呈正相关，与土壤紧实度和石砾含量呈负相关；西南桦属速生树种，人工林初期生长很快，密度对树高生长有影响但不显著，而与胸径生长呈显著负相关；单株材积生长与密度亦呈负相关，其关系式为 $V=ax^{-b}$，V 表示单株材积，x 表示密度。而林分蓄积则与密度呈正相关，即密度大林分蓄积量高，反之则小。随林龄增长，不同密度林分间蓄积差异逐渐缩小。要培育中大径材的西南桦人工林，造林密度不宜大，可考虑采用 2 m × 3 m 或 3 m × 3 m 的株行距。

蒋云东等（1998）、孙启武（2006）对西南桦人工林土壤养分含量与质量变化规律进行了监测研究，结果表明：西南桦人工林在幼林期基本不会导致土壤有机质、氮素、有效 P 含量下降，但会导致土壤有效 K 含量下降；西南桦人工林的土壤通透性能与天然林相近，人工纯林 0～30 cm 土层的土壤通透性能的变化规律大致是定植初期变化平稳，进入生长旺期（定植后 3～7 年）后通透性能普遍变差，以后又逐渐得以改善。

第四节　西南桦人工林群落研究方法

一、研究区概况

（一）研究区地理位置与气候

云南省林业科学院普文试验林场位于西双版纳州景洪市普文镇，地处101°6′ E，22°25′ N，属低山河谷地貌，普文河（罗梭江上游）沿林场边缘流过（图 1.2）。场内山体西南高、东北低，低山与沟谷相间发育，山顶较浑圆，坡度在 15°～26°，最低点在普文河谷，海拔为 800 m，最高点在夜蒿树山顶，海拔为1354 m，高差 554 m（张裕农等，2000）。普文试验林场的地带性山地植被为山地雨林、沟谷雨林和季风常绿阔叶林等（曾觉民，2002）。气候属北热带湿润季风类型，有明显的干、湿季之分。年平均气温 20.1℃，≥10℃的积温 7459℃，持续日数 364.1 天，最热月（7 月）均温 23.9℃，最冷月（1 月）均温 13.9℃，极端最高气温 38.3℃（1966 年 5 月、1969 年 5 月），极端最低温–0.7℃（1974 年

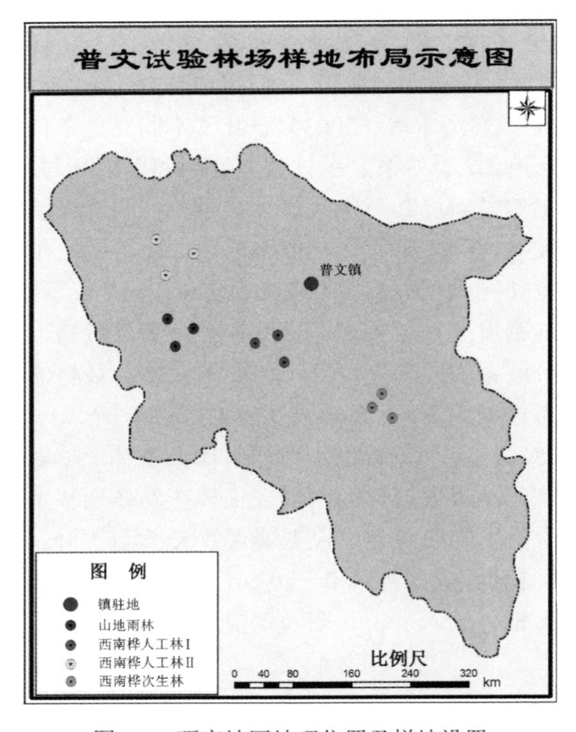

图 1.2　研究地区地理位置及样地设置

1 月）。年降雨量 1655 mm，年均相对湿度 83%，干燥度 0.71%。主要土壤类型为赤红壤，呈酸性，pH 4.3～6.3。

（二）研究区植被

普文坝区周边的山地雨林仅分布于海拔为 850～900 m 的山麓和坝子边缘的低山。由于地形的变化，水、热条件不同，再加上人为干扰，植被类型多样。

1. 热带沟谷雨林

由于地形变化，沿溪沟两侧土壤深厚，水湿较好，加之人为干扰少，分布着热带沟谷雨林。普文热带沟谷雨林上层乔木高逾 30 m 和乔木层分为 3 层，灌木层和草本层种类组成较丰富，且层间大型木质藤本植物和附生植物较为发达。

普文热带沟谷雨林的乔木树种以多果榄仁（*Terminalia myriocarpa*）、八宝树（*Duabanga grandiflora*）、番龙眼（*Pometia tomentosa*）等为优势和标志。同时也保存山地雨林的山韶子（*Nephelium chryseum*）、思茅黄肉楠（*Actinodaphne henryi*）、普文楠（*Phoebe puwenensis*）、山桂花（*Paramichelia baillonii*）等树种。下层乔木主要以云树（*Garcinia cowa*）、降真香（*Acronychia pedunculata*）、木奶果（*Baccaurea ramiflora*）、柴龙树（*Apodytes dimidiata*）、伞花木姜子（*Litsea umbellata*）等为主，藤本植物有买麻藤（*Gnetum montanum*）、橙果五层龙（*Salacia aurantiaca*）、盾苞藤（*Neuropeltis racemosa*）、扁担藤（*Tetrastigma planicaule*）等大中型木质类型。附生植物除苔藓和兰花外，大型的有鸟巢蕨（*Neottopteris ridus*）、王冠蕨（*Pseudodrynaria coronans*）、麒麟叶（*Epipremum pinnatum*）、石柑子（*Pothos chinensis*）、爬树龙（*Rhaphidophora decursiva*）等。

2. 季风常绿阔叶林

普文位居西双版纳北部，由于处于北回归线边缘，随着海拔的变化森林的组成及结构极易发生变化。一般海拔上升至 900 m 以上的山体中上部时，森林类型为季风常绿阔叶林。

季风常绿阔叶林是南亚热带季风气候条件下发育的森林类型。森林外貌虽仍常绿浓郁和形成 2～3 层乔木结构，但林高已难逾 30 m。乔木上层高 18～20 m，盖度达到 50%～60%，优势树种是刺栲、红木荷、云南黄杞（*Engelhardtia spicata*）、红梗润楠（*Machilus rufipes*）、截果石栎（*L. truncatus*）等。乔木Ⅱ层高 7～15 m，盖度 40%左右；有时Ⅰ、Ⅱ层之间还有一过渡的涵接层，盖度也可达到 40%。下层乔木的优势树种为红梗润楠、短刺栲（*C. echidnocarpa*）、粗穗石栎（*L. grandifolius*）、普文楠、窄序崖豆树（*Millettia leptobotrya*）、滇银柴（*Aporusa yunnanensis*）、茶梨（*Anneslea fragrans*）、单叶吴茱萸（*Euolia simplicifolia*）、云南红豆（*Ormosia yunnanensis*）、云树等。

从林木密度看，乔木上层 200 株/hm^2，乔木下层 300～500 株/hm^2。灌木层有不少是上层乔木的幼树，真正的灌木种类不多，草本种类就更少，且分布不均匀。这与林地干燥和上层郁闭有关。最常见的灌草种类有：密花树（*Rapanea nerrifolia*）、老虎楝（*Trichilia counaroides*）、假桂乌口树（*Tarenna attenuata*）、滇九节（*Psychobia henryi*）、粗叶木（*Lapsianthus wallichii*）、滇草蔻（*Alpina blepharocalyx*）、尖果穿鞘花（*Amischotolype hookeri*）、红果莎（*Carex baccans*）、长尖莎草（*Cyperus cuspidatus*）等。林内有一定数量的藤本植物和附生草类，主要种类为长叶菝葜（*Smilax macrophylla*）、粉叶菝葜（*S. hypoglauca*）、独子藤（*Celastrus monospermus*）。也有一些雨林中的种类，如扁担藤，买麻藤等。

在 800 m^2 的样地内共统计到 36 科 77 种有花植物，明显低于山地雨林的种类数量。在植物区系成分中，壳斗科（Fagaceae）、木兰科（Magnoliaceae）、山茶科（Theaceae）的乔、灌种类增多，且热带的科属消退。植物生活型谱的组成与山地雨林显著不同，小、中高位芽植物突出，大高位芽植物明显减少；叶型谱的变化类似生活型谱，中叶型植物的比例加大，大叶和巨叶型的植物种类陡直减少。

3. 半常绿季雨林

季雨林是在比较干热环境中生长的并有明显干湿季季相的热带森林类型，主要分布在滇南河谷地区，因河谷切割不深，故河谷干旱效应不明显。在普文坝的流沙河，河床下切 50 m 左右，在河沿两岸分布有半常绿季雨林。常见树种是垂叶榕（*Ficus benjamina*）、聚果榕（*F. pyriformis*）、小叶榕（*F. concinna*）、木棉（*Bombax ceiba*）、团花（*Anthocephalus chinensis*）、山韶子、思茅蒲桃（*Syzygium szemaoense*）、中平树、毛果桐（*Mallotus barbatus*）、浆果乌桕（*Sapium baccatum*）、光叶桑（*Morus macroura*）等，林分分散，呈疏林状，郁闭度 0.2～0.3。林下灌木和草本植物有拔毒散（*Sida szechuensis*）、扁担杆（*Grewia* sp.）、山芝麻（*Helicteres angustifolia*）、马缨丹（*Lantana camara*）、浆果楝（*Cipadessa baccifera*）、飞机草（*Eupatorium odoratum*）、夜香牛（*Vernonia cinerea*）、孔颖草（*Bothriochloa pertusa*）等。

4. 季风常绿阔叶林幼林

在普文山地平缓坡面，森林采伐后，经过了 30 多年的自然恢复，但至今仍然处于小叶矮林状态，其建群树种主要以黄牛木（*Cratoxyloncochi chinense*）、余甘子（*Phyllanthus emblica*）、红水锦树（*Wendlandia tinctoria*）、野漆（*Toxicodendron succedaneum*）、滇银柴等为主，被称为“黄余水”森林群落。该群落植物种类并不多，约有 60 余种，含乔木植物 12 种，其中有 8 种是山地雨林中的种类。藤本植物发达，有 20 余种。表现出林分处于恢复阶段的动态变化之中。组成该群落的优势树种都是喜光的，并对干旱有一定的适应力。由于边际效应，种类组成混杂，林分的盖度达到 95%以上，乔木层盖度 75%（高度仅有 7～8 m），灌木和草本植物盖度 30%，地面枯落物盖度为 50%～60%。

5. 落叶阔叶林

落叶阔叶林具体是指西南桦林。这种林分主要分布在季风常绿阔叶林被采伐破坏的地段上，其更新快，生长迅速，同时发育也快，大约 30 年左右就会演替成为季风常绿阔叶林。在普文的山地雨林地段也有分布，因人为采伐活动的干扰，不成地带特点，也无自然的大面积生长。在河谷阴坡或半阴坡的侧面有小面积的中幼树生长。

二、研 究 方 法

（一）试验地选择

本研究在普文试验林场选择海拔、坡位、坡度、坡向、土壤母质等立地条件基本一致的 13 年生西南桦人工林、13 年生西南桦天然林为研究对象，与地带性植被山地雨林为参照，进行比较研究，样地基本情况见表 1.1。

13 年生西南桦人工林于 1992 年 8 月定植，原生植被为西南桦人工林Ⅰ或以黄牛木和水锦树为优势种的次生林（西南桦人工林Ⅱ）。两种西南桦人工林整地方式均为在全面炼山的基础上，采取穴状整地，种植穴规格 40 cm × 40 cm × 40 cm，株行距以 2 m × 3 m 为主，初植密度为 1665 株/hm^2；雨季开始土壤湿透后定植容器苗，种植当年在 10 月末铲除杂草，第 2 年夏季、冬季各砍草 1 次，定植后第 3 年，仅砍除缠绕的藤本植物及非目的速生树种，林下植物让其自然生长。13 年生西南桦天然林是在修路破坏了原有次生林后天然更新起来以西南桦为优势种的次生天然林，林分密度为 2666 株/hm^2。普文山地雨林的群落结构层次分化明显，其垂直结构可分为乔木层、灌木层、草本层。乔木层可分为上、中、下 3 个层次。乔木上层（乔木Ⅰ层），高 30～45 m，胸径达 60～100 cm，盖度 30%～40%，以山韶子占绝对优势；乔木中层（乔木Ⅱ层），是优势层次，层高 12～25 m，胸径 15～40 cm，盖度达 70%以上，以窄序崖豆树占优势；乔木下层（乔木Ⅲ层），高 3～10 m，胸径 2.5～10 cm，盖度 30%，以窄序崖豆树占优势。灌木层高约 2 m，盖度 20%～25%。该层种类多，约 1/3 是上层树种的幼树，以窄序崖豆树为优势种。草本层不发达，盖度仅 5%左右，云南豆蔻（*Alpina blepharocalyx*）和柊叶

（*Phrynium capitatum*）占优势。

表 1.1 样地基本情况

群落类型	海拔/m	坡向/（°）	坡度/（°）	坡位	土壤类型	pH	有机质含量/（g/kg）
西南桦人工林Ⅰ	890	SW15	18～26	中	赤红壤	4.51	22.62
西南桦人工林Ⅱ	920	SW9	20～24	中	赤红壤	4.78	18.5
西南桦天然林	880	SW12	15～19	中	赤红壤	4.66	11.86
山地雨林	955	SW8	15～20	中下	赤红壤	3.92	27.22

西南桦人工林Ⅰ乔木层只有一层，为西南桦单优种，高 8～15 m，胸径 5.2～19.8 cm，林相整齐，盖度 65%～80%；灌木层高 2.5～3.5 m，盖度 80%以上，组成物种丰富，以山地雨林和季风常绿阔叶林乔木幼树为主，以披针叶楠（*Phoebe lanceolata*）为优势种；草本层也较发达，盖度 10%～20%，以滇姜花（*Hedychium yunnanensis*）为优势种。西南桦人工林Ⅱ乔木层为西南桦单优种，高 7～11 m，胸径 4.9～15.8 cm，盖度约 60%；灌木层高 1.5～3.5 m，盖度 60%，以黄牛木、水锦树占优势；草本层发达，高 0.25～3.0 m，盖度 20%～30%，以滇姜花为优势种。西南桦天然林乔木层高 12～26 m，胸径 7.8～26 cm，盖度 85%～90%，以西南桦占绝对优势；灌木层高 1.0～2.0 m，盖度约 50%，以中平树为优势种；草本层高 0.3～1.5 m，盖度 5%～10%，以棕叶芦（*Thysanolaena maxima*）为优势种。

（二）群落学特征分析

1. 调查方法

2006 年 1—2 月采用代表性样地法在 4 种群落类型中选择位于山坡中部，坡向、坡度及生长较一致的林分设置 3 块，共计 12 个 20 m × 20 m 的样地。每个样地分为 4 个大小为 10 m × 10 m 乔木样方，对样方内胸径≥2 cm 以上的乔木进行每木调查；在样地四角和中央布设 5 个 5 m×5 m 的灌木样方，对样方中胸径≤2 cm，高度≥1 m 的植株进行调查；在样地四角和中央布设 5 个 2 m × 2 m 的草本样方，对样方中高度≤1 m 的植株个体进行调查。分别调查乔、灌、草层的植物种类、数量、高度、盖度及乔木种类的胸径和树高。考虑到该区层间植物种类较少，且其功能与灌木相似，将其计入灌木层。

2. 数据采集与分析

（1）物种组成及数量特征

对不同群落的植物种类组成进行逐一登记，根据各个种在群落种的作用划分群落成员型（优势种、建群种、亚优势种、伴生种、偶见种）。

群落中各层次植物种类的重要值的计算公式（曲仲湘等，1983）如下：

重要值（Iv）=（相对多度+相对盖度+相对频度）/300

根据物种多样性测度指数应用的广泛程度以及对群落物种多样性状况的反应能力，本研究选取 4 种多样性指数来测度和分析群落物种多样性特征，包括物种丰富度（S）、Shannon-Wiener 指数（H'）、Simpson 指数（λ）、Pielou 均匀度指数（J_{sw}）（汪殿蓓等，2001）。公式分别为：

$$H' = -\Sigma P_i \ln P_i$$

$$\lambda = 1 - \Sigma P_i^2$$

$$J_{sw} = (-\Sigma P_i \ln P_i)/\ln S$$

式中，S 为样地中的物种总数，$P_i = N_i / N$，N_i 为第 i 个种的重要值，N 为所有物种重要值之和（汪殿蓓等，2001）。

本研究采用 Jaccard 相似性指数（index of similarity）来衡量 2 个样地物种组成相似程度

Jaccard 相似性系数=$c/(a+b-c)$

式中，a 为样方 A 的物种数，b 为样方 B 的物种数，c 为样方 A 和 B 中的共有种数。

（2）科属组成与区系成分分析

根据样地统计资料，分别统计 4 种群落类型的植物物种所属科属，主要统计维管束植物，并分别统计蕨类植物、裸子植物、双子叶植物、单子叶植物的种类。群落区系地理成分分析，主要根据吴征镒等（1991；2003）制定的中国种子植物科、属、种区系地理分布系统，以及吴兆洪（1991；1992）、秦仁昌等（1959；1978）、陆树刚（1994；1995；2004）对蕨类植物属的地理成分划分标准，统计研究群落的区系地理成分。

（3）群落外貌特征分析

本研究采用植物生活型谱、叶级谱、叶型和叶缘谱、生活强度谱、光照生态类型谱、水分生态类型谱等方法进行群落外貌特征定量或定性分析。

生活型谱根据 Raunkiaer 生活型分类系统（Raunkiaer，1932），将调查到的 3 种西南桦群落和山地雨林种的植物生活型进行分类统计，具体标准为：

1）高位芽植物（休眠芽位于距离地面 25 cm 以上）；

2）大高位芽植物（高度＞30 m）；

3）中高位芽植物（8～30 m）；

4）小高位芽（2～8 m）；

5）矮高位芽植物（＜2 m）；

6）地上芽植物（休眠芽位于土壤表面之上，距离地面＜25 cm）；

7）地面芽植物；

8）隐芽植物；

9）一年生植物。

按照 Raunkiaer 划分叶级谱的方法（Raunkiaer，1932），对不同林分内的植物叶型进行分类统计，具体类型和标准为：

1）巨型叶：＞1500 cm^2；

2）大型叶：180～1500 cm^2；

3）中型叶：20～180 cm^2；

4）小型叶：2～20 cm^2；

5）微型叶：0.2～2 cm^2。

本研究叶型主要分单叶和复叶，叶缘分全缘和非全缘，并统计其比例。

根据样地统计资料，按 Braun-Blanquet（1964）生活强度分强（Ⅳ）、中（Ⅲ）、弱（Ⅱ）、差（Ⅰ）4 级，统计出各植物成分的生活强度百分率，绘制五种林分中各种植物的生长势谱，并对其进行分析比较。生长势谱划分依据为：

1）Ⅳ级（强）：营养生长旺盛，能进行有性繁殖并产生大量种子与幼苗的种类；

2）Ⅲ级（中）：生长表现一般；

3）Ⅱ级（弱）：生长较差、不能开花结实；

4）Ⅰ级（差）：生长困难，已有从本林分中消失倾向的植物。

植物的光照生态类型谱采用 3 级标准：

阳生（Ⅰ）、耐荫（Ⅱ）、荫生（Ⅲ）统计制谱。植物成分的水分生态类型谱按照陆生植物 4 级水分生态类型，即湿生（Ⅰ）、中生（Ⅱ）、耐旱（Ⅲ）、旱生（Ⅳ）划分普文不同林分的水分生态类型。

（三）生物量分析

1. 调查方法

乔木层生物量的测定采取平均木收割法。在每个群落学特征调查 20 m × 20 m 的样地内，对≥2 cm 所有乔木树种进行每木检尺，按各树种平均胸径和平均树高选取标准木，每个树种伐倒标准木各 1 株。所有样木均选自生长发育正常的个体，避免多树干（枝）的丛生林木。样木伐倒后，树干按 2 m 锯断称重，并在树干基部、胸径和端部处各锯取一个圆盘，测量各枝的基径和长度，将老枝和当年生枝，老叶和当年生叶分别称重，并取少量样品。将根的 1/2 挖出，分别将根茎和根系称重。

灌木层和草本层、层间植物生物量的调查采取如下方法：在每种群落类型 20 m × 20 m 的样地内随机设置 1 个 2 m × 2 m 样方，共计 3 个样方，对样方中胸径≤2 cm、高度≥1 m 的灌木和高度≤1 m 的草本植物全部植株掘出，区分灌木、草本和层间植物，按种类及地上部分、地下部分分别称重，各取少量样品烘干折算成单位面积（hm^2）上的干重（生物量）。

本研究只估算叶片的被采食量。在 4 种不同群落类型中部选取一个点为起点，按之字形向上坡方向前进 5 m，再向右前进 5 m，然后在此点再向上坡方向前进 5 m，再在该点向右前进 5 m，……如此走之字折线直至选到 15 个点，在每个点选取最靠近的 3 株植物（这 45 株植物应基本包括该群落各层的优势种，若尚缺某种，再在群落内加测 3 株该树种）。取每株植物的树冠顶部、基部、南侧、北侧和内部枝条各 3 枝（草本则取 5 枝）共 15 枝，每一枝条选取幼年、成熟和老叶各 3 片共 9 片叶子（张云飞等，1997）。将所选取的所有叶子区分虫食叶片和非虫食叶片，分别称重，用重量比值法求算出被采食率，再计算叶被采食量。

森林凋落量的测定多采用直接收集法，即采用凋落物收集器（litter trap）法估测森林凋落量。在每个样地内设置 10 个 1 m × 1 m 的小样方收集每个小样方内的所有枯落物，分别称取枯枝和落叶的重量。所有样品带回实验室后，枝、根茎、粗根的样品（105℃），细根、叶、草本植物（85℃）干燥箱内烘干至恒重后称得干重，求得含水率后折算出各器官的干重（生物量）。凋落物分解速度的研究采用尼龙网袋（litter bag）法，是指将凋落物称重后放入分解袋中，置于土壤表层或埋置于土壤内，定期测定凋落物分解速率的方法。网袋大小为 20 cm × 20 cm，网孔为 1 mm^2。称取样品分别装入网袋，进行编号。于 2006 年 7 月 24 日将所有样品袋放入样地林下。以后每月采样 1 次，共采样 12 次，每次每个处理随机取 3 袋，仔细分开凋落物，并去除杂物，烘干至恒重后称重，计算凋落物残留率和失重率。

各层植物的叶面积指数采用叶面积测定仪测定。

2. 数据分析

标准木地上部分生物量的测定具体步骤如下：将标准木沿地表根茎处锯段伐倒，用分层切割法按 2 m 为一层锯断，分别将树干、带叶的枝条和果实称重，根据两者重量之差即可算出样品的枝重和叶重，再按此枝叶比例推算出每一层乃至全株树木的枝重和叶重。在分层的基础上，将每一段的中央直径用轮尺准确地按垂直的 2 个方向量出，取其平均值，查直径–圆面积–材积表求出每层的材积，最上层的一段按梢头材积公式求出，然后累积相加即得全株材积。同时还要采取一部分干、枝、叶等样品，取样回实验室置于 105℃下烘干至恒重，求出干鲜重比，再换算出各部分器官的干重，将标准木各器官的干重相加即得单株的地上部分生物量。地下部分的生物量以土柱样方法测定，即在标准样地内有代表性的地段选取林分平均木，分别在距树干 50 cm 的上坡、下坡两侧和树冠垂直投影边缘区布设土柱样方 4 个（50 cm × 50 cm），土柱的深度由该土柱中根系分布的深度决定，即挖到没有根系出现为止。挖出的根系按大、中、小根（大跟直径＞10 mm，中根直径 5～10 mm，小根直径＜5 mm）分别称重并取样，85℃下烘干，测定含水率；同时将挖出的土壤进行称重并取样，经过筛选，推算土中未捡出的须根（归为小根）。根据样品干料率推算根系生物量。叶采食量计算公式采用：

$$I_g=1-(n_1w_1+n_2w_2)/w_1\times N$$

式中，I_g 为叶片被采食率，N 为全部叶片数，w_1 为非虫食叶片重量，n_1 为非虫食叶片数，w_2 为虫食叶片重量，n_2 为虫食叶片数。

（四）土壤理化性状分析

1. 调查方法

在每个 20 m × 20 m 的基础样地内按“X”型选设 5 个样点，用布袋采集各样点 0～20 cm 和 20～40 cm 的分层土样，带回实验室测定土壤 pH、有机质、全氮、水解氮、全磷、速效磷和速效钾等土壤养分含量。用环刀采取原状土样品，以测定鲜土含水量、土壤容重、总孔隙度、毛管孔隙度、非毛管孔隙度、土壤机械组成、土壤团聚体组成和微团聚体组成等土壤物理性质。

2. 土样分析

样品带回实验室后，将布袋里的土风干，然后参照中国分析标准方法、中国科学院南京土壤研究所《土壤理化性质分析》（1978）、鲍士旦主编的《土壤农化分析》（2000）、劳家柽主编的《土壤农化分析手册》（1988）、北京农业大学《定量分析》（1982）中的方法，测定各物理化学指标。pH 采用电位法，有机质和有机碳的测定采用重铬酸钾法，全氮的测定采用高氯酸—硫酸消化法，水解氮的测定采用碱解蒸馏法，全磷用高氯酸—硫酸酸溶—钼锑抗比色法，速效磷用盐酸—氟化铵法，速效钾的测定采用乙酸铵法，容重、总孔隙度、毛管孔隙度、非毛管孔隙度的测定采均用环刀法，鲜土含水量、吸湿系数用烘干法，土壤机械组成和微团聚体组成用简易比重计法，土壤团聚体组成用萨维诺夫法（人工筛分法）（劳家柽，1988；中国科学院南京土壤研究所，1978；鲍士旦，2000）。所有数据处理与分析在 EXCEL 和 SPSS 数据统计软件下完成。

（五）碳贮存能力分析

利用群落生物量、土壤有机质和土壤结构研究结果进行群落固碳能力的估算。

根据有机质含碳量为其干物质的 50%，将生物量换算为碳密度（李江等，2003；Lasco，2000）。群落组成部分碳密度计算公式如下：

（1）地上部分碳密度=地上部分生物量×50%；

（2）地下部分碳密度=地下部分生物量×50%；

（3）枯枝落叶层碳密度=枯枝落叶层生物量×50%；

（4）土壤碳密度=土壤体积×土壤容重×土壤有机质含量÷1.724；

（5）群落总碳密度的测定，将地上部分、地下部分碳密度，枯枝落叶及土壤中固定的碳相加，即可获得群落单位面积的固碳总量。

第二章　西南桦人工林群落特征比较

第一节　植物种类组成

一、群落物种组成及数量特征

西南桦人工林Ⅰ、西南桦人工林Ⅱ、西南桦天然林和山地雨林的植物物种组成都较为丰富，但有较大的差异（见附录）。根据样地调查统计资料，西南桦人工林Ⅰ有维管束植物109种、西南桦人工林Ⅱ60种、西南桦天然林55种、山地雨林83种。4种群落类型，按物种数量丰富程度的排序依次为西南桦人工林Ⅰ＞山地雨林＞西南桦人工林Ⅱ＞西南桦天然林。

乔木层物种组成，西南桦人工林Ⅰ和西南桦人工林Ⅱ均为单层单种，西南桦分层盖度分别为34.2%和62.5%（表2.1和表2.2）。西南桦天然林乔木层由西南桦、浆果乌桕、伞花冬青（*Ilex godajam*）3种组成，但仍以西南桦占绝对优势，分层盖度为87.5%。山地雨林乔木层共分3层，乔木种类多达28种。乔木Ⅰ～Ⅱ层重要值排名前5位的树种为窄序崖豆树、山韶子、降真香、红梗润楠、思茅黄肉楠，其中，以窄序崖豆树和山韶子为主要优势种，分层重要值分别为46.95%和33.36%，分层盖度为37.5%和23.5%；乔木Ⅲ层重要值排名前5位的树种为窄序崖豆树、山韶子、披针叶楠、云南红豆、红梗润楠，其中，以窄序崖豆树和山韶子为主要优势种，分层重要值分别为37.36%和23.54%，分层盖度为19.0%和11.1%。根据乔木层主要优势种的组成，可将该群落命名为窄序崖豆树+山韶子群系（Form. *Millettia leptotrya+Nephelium chryseum*）。

表2.1　西南桦群落、山地雨林物种各层次物种数量组成　　　　种

群落类型		西南桦人工林Ⅰ	西南桦人工林Ⅱ	西南桦天然林	山地雨林
乔木层	乔木Ⅰ～Ⅱ层	1	1	3	18
	乔木Ⅲ层	0	0	0	20
灌木层		61	33	30	33
草本层		29	16	12	16
藤本植物		18	10	11	14
合计		109	60	56	101

表 2.2　普文不同西南桦群落和山地雨林各层优势种及其重要值和盖度比较

层次	西南桦人工林Ⅰ			西南桦人工林Ⅱ			西南桦天然林			山地雨林		
	树种	重要值/%	盖度/%	树种	重要值/%	盖度/%	树种	重要值/%	盖度/%	树种	重要值/%	盖度/%
乔木Ⅰ～Ⅱ层	西南桦	300.0	34.2	西南桦	300.0	62.5	西南桦	246.70	87.5	窄序崖豆树	46.95	37.5
							浆果乌桕	33.73	10.5	山韶子	33.36	23.5
							伞花冬青	19.55	4.5	降真香	21.40	7.1
										红梗润楠	20.29	7.0
										思茅黄肉楠	15.71	2.0
乔木Ⅲ层										窄序崖豆树	37.36	19.0
										山韶子	23.54	11.1
										披针叶楠	27.23	7.5
										云南红豆	19.12	2.1
										红梗润楠	17.25	2.0
灌木层	披针叶楠	10.74	16.3	黄牛木	57.70	50.0	中平树	64.97	31.5	窄序崖豆树	20.41	15.0
	小叶干花豆	9.65	8.0	水锦树	33.79	25.5	西南桦	36.43	21.5	山韶子	16.85	10.0
	短刺栲	9.64	8.8	滇银柴	15.73	7.0	黄牛木	17.01	13.0	粗叶木	12.84	4.6
	岗柃	8.55	6.3	银叶巴豆	14.79	4.5	水锦树	16.61	9.0	滇九节木	12.29	12.5
	大叶玉叶金花	7.97	2.1	小叶干花豆	11.74	6.0	红木荷	12.05	7.0	披针叶楠	11.32	4.6
草本层	滇姜花	34.06	3.9	棕叶芦	99.08	10.0	棕叶芦	74.42	10.0	云南豆蔻	28.59	10.0
	山菅兰	34.06	3.9	华珍珠茅	26.69	2.5	紫茎泽兰	38.12	8.0	苳叶	28.59	10.0
	飞机草	27.71	3.4	类芦	23.08	6.0	大芒萁	34.44	9.0	褐鞘沿阶草	21.52	2.5
	红果莎	20.67	1.0	长尖莎草	19.60	1.0	飞机草	29.12	6.0	鞭叶铁线蕨	20.51	2.1
	西南凤尾蕨	16.72	0.9	莠竹	16.10	0.5	莠竹	21.06	0.5	尖果穿鞘花	19.74	9.0
藤本层	厚果鸡血藤	36.80	6.3	象鼻藤	59.44	5.9	甘葛	49.75	8.5	独子藤	39.21	1.7
	多脉酸藤子	35.48	6.3	甘葛	49.75	8.5	小花酸藤子	36.17	2.5	小花酸藤子	37.50	6.6
	古钩藤	35.48	6.3	小花酸藤子	36.17	2.5	金刚藤	34.67	2.8	长萼鹿角藤	37.50	6.6
	独子藤	33.76	3.9	金刚藤	34.67	2.8	栽秧泡	34.39	4.8	扁担藤	35.34	1.5
	多裂黄檀	27.12	1.3	栽秧泡	34.39	4.8	密花豆	29.99	2.2	厚果鸡血藤	35.34	1.5

注：分层重要值=相对多度+相对频度+相对优势度。

灌木层以西南桦人工林Ⅰ物种组成最为丰富，多达 61 种，其余依次为山地雨林 33 种、西南桦人工林Ⅱ为 33 种、西南桦天然林 30 种。西南桦人工林Ⅰ灌木层以披针叶楠、小叶干花豆（*Fordia microphylla*）、短刺栲等乔木幼树为优势种，分层重要值依次为 10.74%、9.65%、9.64%，分层盖度为 16.3%、8.0%、8.8%。除木紫珠（*Callicarpa arbrea*）、楹树（*Albizzia chinensis*）2 种落叶树种，属于次生的先锋树种，其余几乎均为山地雨林和季风常绿阔叶林的常见种。此外，岗柃（*Euryya groffii*）、毛叶算盘子（*Glochidion hirsutum*）、多花野牡丹（*Melastoma affinis*）、斑鸠菊（*Vernonia esculata*）等旱生强阳性物种在林内也有分布。西南桦人工林Ⅱ以黄牛木和水锦树占优势，分层重要值分别为 57.70%和 33.79%，分层盖度为 50.0%和 25.5%；西南桦天然林以中平树和西南桦占优势，分层重要值分别为 64.97%和 36.43%，分层盖度为 31.5%和 21.5%；山地雨林以林下天然更新的窄序崖豆树和山韶子占优势，分层重要值分别为 20.41%和 16.85%，分层盖度为 15.0%和 10.0%。

林地草本层植物也较发达，西南桦人工林Ⅰ统计到 29 种，以滇姜花、山菅兰（*Dianella ensifolia*）、飞机草为优势种，分层重要值分别为 34.06%、34.06%、27.71%，分层盖度为 3.9%、3.9%、3.4%。与造林初期比较，迹地残存种类，如飞机草、九里光（*Senecio scandens*）、紫茎泽兰（*E. adenophorum*）、刺蒴麻（*Triumfetta rhomboides*）等，叶片疏小，茎节细长，长势均差，处于消退状态。西南桦人工林Ⅱ有草本植物 16 种，以棕叶芦、华珍珠茅（*Scleria chinensis*）、类芦（*Neyraudia reynaudiana*）耐贫瘠干旱的多年生禾本科植物为优势种，分层重要值分别为 99.08%、26.69%、23.08%，分层盖度为 10.0%、2.5%、6.0%；西南桦天然林草本层植物 12 种，以棕叶芦、紫茎泽兰、大芒萁（*Dicranopteris ampla*）等阳性植物为优势种，分层重要值分别为 74.42%、38.12%、34.44%，分层盖度为 10.0%、8.0%、9.0%；山地雨林草本层植物 16 种，以云南豆蔻、苳叶等荫生喜湿植物为优势种，分层重要值分别为 28.59%和 28.59%，分层盖度为 10.0%和 10.0%。

西南桦人工林Ⅰ林内共统计到藤本植物 18 种，以厚果鸡血藤（*M. pachycarpa*）、多脉酸藤子（*Embelia oblongifolia*）、双钩藤（*Uncaria laevigata*）、独子藤占优势，分层重要值分别为 36.80%、35.48%、35.48%、33.76%，盖度为 6.3%、6.3%、6.3%、3.9%，藤本植物中有阳生特别耐旱的种类，如栽秧泡（*Rubus ellipticus*）、飞龙掌血（*Toddalia asiatica*）、双钩藤、古钩藤（*Cryptolepis buchananii*）等。西南桦人工林Ⅱ有藤本植物 10 种，以象鼻藤（*Dalbergia mimosoides*）和甘葛（*Pueraria edulis*）为优势种，分层重要值为 59.44%和 49.75%，盖度为 5.9%和 8.5%；西南桦天然林和山地雨林各有藤本植物 11 种和 14 种，西南桦天然林以葛藤（*P. phaseoloides*）、小花酸藤子（*E. parviflora*）、金刚藤（*Smilax bockii*）、栽秧泡占优势，分层重要值分别为 49.75%、36.17%、34.67%、34.39%，盖度为 8.5%、2.5%、2.8%、4.8%；山地雨林以独子藤、小花酸藤子、长萼鹿角藤（*Chonemorpha megacalyx*）、扁担藤、厚果鸡血藤占优势，分层重要值分别为 39.21%、37.50%、37.50%、35.34%、35.34%，盖度为 1.7%、6.6%、6.6%、1.5%、1.5%，藤本植物以木质藤本为主，粗大的木质种类如扁担藤、买麻藤、滇南省藤（*Calamus henryanus*）等也常见。

二、群落物种多样性比较

1. 物种丰富度比较

各群落类型调查统计资料的整理分析结果（表 2.3）表明，4 种群落类型以西南桦人工林Ⅰ的植物物种丰富度最高，其余依次为山地雨林、西南桦人工林Ⅱ和西南桦天然林，说明在地带性植被山地雨林采伐迹地上直接营造的人为干扰较少的人工群落有利于物种多样性的形成和群落结构和功能的快速恢复。在群落的物种组成中，4 种群落类型均以乔木物种数占优势，而灌木种类相对较少，这是因为灌木层 57.58%～75.76%的物种为乔木层的幼树，而真正的灌木种类较少。4 种群落都具有较为丰富的草本、藤本物种和一定数量的蕨类植物。4 种群落类型相比，西南桦人工林Ⅰ和山地雨林的乔木种数基本相同，均明显高于西南桦人工林Ⅱ和西南桦天然林；西南桦人工林Ⅰ的灌木、草本、藤本和蕨类种数较西南桦Ⅱ、西南桦天然林和山地雨林丰富；西南桦人工林Ⅱ和西南桦天然林在物种总数及其组成上无明显差异。西南桦为落叶乔木，树冠较小且不连续，尤其在冬春落叶期人工林内光照条件较好，为林下植物更新创造了条件，因此，灌木和草本植物较共优势种群落的西南桦天然林和山地雨林丰富。

表 2.3　普文西南桦群落与热带山地雨林群落的物种组成

群落类型	西南桦人工林Ⅰ	西南桦人工林Ⅱ	西南桦天然林	山地雨林
蕨类种数	9	2	2	5
藤本种数	18	10	11	14
草本种数	20	14	10	12
灌木种数	17	14	9	8
乔木种数	45	20	23	44
合计	109	60	55	83

各层次物种丰富度（见表 2.1），西南桦人工林Ⅰ、西南桦人工林Ⅱ和西南桦天然林均为灌木层＞草本层＞乔木层，物种丰富度灌木层最高；而山地雨林则为乔木层＞灌木层＞草本层，物种丰富度乔木层最高。

2. 群落各层次多样性比较

表 2.4 显示了普文不同西南桦群落和山地雨林各个层次的物种多样性组成。从中可知西南桦人工林Ⅰ、西南桦人工林Ⅱ和西南桦天然林不同层次的 Shannon-Wiener 指数（H'）、Simpson 指数（λ）和 Pielou 均匀度指数（J_{sw}）均表现为灌木层＞草本层＞乔木层，灌木层最高，乔木层最低；山地雨林则表现为灌木层＞乔

木层＞草本层，灌木层最高，草本层最低。

表 2.4 西南桦群落和山地雨林群落各层次的物种丰富度、多样性、均匀度指数

群落	层次	物种丰富度（S）	Shannon-Wiener 指数（H'）	Simpson 指数（λ）	Pielou 均匀度指数（J_{sw}）
西南桦人工林Ⅰ	乔木层	1	0	1	1
	灌木层	61	7.53	4.13	0.77
	草本层	30	3.94	3.46	0.64
西南桦人工林Ⅱ	乔木层	1	0	1	1
	灌木层	32	2.87	2.56	0.49
	草本层	17	2.26	1.94	0.54
西南桦天然林	乔木层	3	1.56	1.29	0.52
	灌木层	29	3.23	2.69	0.58
	草本层	13	2.03	1.83	0.54
山地雨林	乔木层	28	3.44	2.38	0.58
	灌木层	31	4.07	3.21	0.62
	草本层	17	2.72	2.31	0.63

西南桦人工林Ⅰ和西南桦人工林Ⅱ乔木层物种组成为单一的西南桦，而西南桦天然林乔木层由西南桦、浆果乌桕和伞花冬青 3 种乔木树种组成，因此，3 种类型西南桦群落乔木层的多样性和均匀度指数均较低。山地雨林乔木层由 28 种乔木树种组成，物种丰富度较高，多样性和均匀度指数显著高于 3 种西南桦群落。4 种群落类型乔木层多样性和均匀度指数排序为山地雨林＞西南桦天然林＞西南桦人工林Ⅰ=西南桦人工林Ⅱ。

灌木层多样性指数和均匀度指数排序为西南桦人工林Ⅰ＞山地雨林＞西南桦天然林＞西南桦人工林Ⅱ。西南桦人工林Ⅱ灌木层黄牛木、水锦树等树种分层重要值分别为 57.70%和 33.79%，分层盖度为 50.0%和 25.5%，优势较明显，大大降低了各物种间的均匀度，导致多样性指数（H'、λ、J_{sw}）相对较低。

草本层多样性指数和均匀度指数排序为西南桦人工林Ⅰ＞山地雨林＞西南桦人工林Ⅱ＞西南桦天然林。西南桦人工林Ⅱ与山地雨林草本层组成物种数均为 17 种，但西南桦人工林Ⅱ中棕叶芦的重要值为 99.08%，优势较明显，因而其多样性和均匀度指数相较山地雨林低。

三、群落植物种类相似性

从表 2.5 可知，与地带性植被相比较，西南桦人工林Ⅰ与山地雨林的物种相似性系数达 24.68%，与西南桦人工林Ⅱ和西南桦天然林相比增幅分别达 127.47% 和 88.25%。西南桦人工林Ⅱ与西南桦天然林相似性系数为 53.33%。植物种类的相似性系数说明：在相同的气候条件下，次生演替的进程、方向与原生植被和次生裸地状况密切相关，在山地雨林采伐迹地上直接人工更新的西南桦人工林Ⅰ与山地雨林的物种相似性较高，排除抚育间伐、采伐等人为干扰的因素，向地带性植被演替的速度较快；西南桦人工林Ⅱ和西南桦天然林演替发生的次生裸地状况与西南桦人工林Ⅰ差异较大，其物种组成与西南桦人工林Ⅰ存在显著差异，且已远离山地雨林；在次生林基础上更新的西南桦人工林Ⅱ和西南桦天然林，演替初期次生裸地的生境状况相似，导致系数群落植物种类的相似性较高。

表 2.5　西南桦群落、山地雨林植物种类的 Jaccard 相似性系数

群落类型	西南桦人工林Ⅱ	西南桦天然林	山地雨林
西南桦人工林Ⅰ	17.36	17.99	24.68
西南桦人工林Ⅱ	-	53.33	10.85
西南桦天然林	-	-	13.11

与山地雨林相比较，降真香、红木荷、普文楠、思茅黄肉楠、红梗润楠、披针叶楠、山桂花、滇桂木（*Manglietia forrestii*）、刺栲、短刺栲、红果葱臭木（*Dysoxylum binectariferum*）、盆架树（*Winchia calophlla*）、云树、鹅掌柴等山地雨林乔木层常见种已在西南桦人工林Ⅰ灌木层中生长发育（表 2.6），共有种的木本植物 25 种、草本植物 8 种、藤本植物 5 种，但窄序崖豆树和山韶子等优势种尚未出现；西南桦人工林Ⅱ/山地雨林的木本、草本、藤本植物共有种分别为 8 种、3 种、3 种，与山地雨林在物种组成上差异较大，相似性系数达 89.15%；灌木层仅出现了思茅蒲桃、银叶巴豆（*Crotom cascarilloides*）、毛杜茎山（*Maesa pormollis*）、大叶榕（*F. altissima*）、密花树、红木荷、滇银柴、毛叶算盘子等共有树种；西南桦天然林/山地雨林的木本、草本、藤本植物共有种分别为 11 种、2 种和 3 种，相似性系数为 86.89%，红梗润楠、刺栲、披针叶楠、山桂花等山地雨林优势树种已出现。

3 种西南桦群落木本植物的共有种为 10 种，为西南桦、小叶干花豆、岗柃、密花树、斜叶榕（*F. tinctonia*）、北酸脚杆（*Medinilla septintrionalis*）、滇银柴、苦竹（*Pleioblastus amarus*）、毛叶算盘子、线柱苣苔（*Rhynchotechum obovatum*），草本植物 3 种，为山菅兰、飞机草、棕叶芦；藤本植物 4 种，为小花酸藤子、栽秧泡、光叶薯蓣（*Dioscorea glabra*）、独子藤；共计 17 种，相似性系数为 8.21%。

西南桦人工林Ⅱ与西南桦天然林相似性较强，共有种共计 40 种，其中木本植物共有种 20 种，主要以西南桦、中平树、黄牛木、水锦树、苦竹、小叶干花豆、红木荷为主；草本植物 11 种，主要以棕叶芦、类芦、荩竹（*Microstegium nodosum*）、飞机草为主；藤本植物 9 种，主要以甘葛、小花酸藤子、金刚藤（*Smilax scobinicaulis*）、穿鞘菝葜（*S. porfoliata*）为主。

表 2.6　不同群落共有物种的比较

比较群落	木本植物	草本植物	藤本植物
西南桦人工林Ⅰ/西南桦人工林Ⅱ	西南桦、小叶干花豆、思茅蒲桃、岗柃、密花树、斜叶榕、北酸脚杆、大叶榕、滇银柴、苦竹、猪肚木、毛叶算盘子、云南黄杞、线柱苣苔	山菅兰、斑鸠菊、飞机草、大叶仙茅、针叶沿阶草、长尖莎草、棕叶芦	小花酸藤子、栽秧泡、光叶薯蓣、独子藤
西南桦人工林Ⅰ/西南桦天然林	西南桦、披针叶楠、截果石栎、小叶干花豆、岗柃、苦竹、毛叶算盘子、红梗润楠、密花树、刺栲、滇银柴、北酸脚杆、猪肚木、斜叶榕、线柱苣苔、华南吴茱萸	紫茎泽兰、棕叶芦、飞机草、山菅兰	小花酸藤子、栽秧泡 、双钩藤、独子藤、光叶薯蓣
西南桦人工林Ⅱ/西南桦天然林	西南桦、中平树、黄牛木、水锦树、红木荷、滇银柴、北酸脚杆、猪肚木、苦竹、岗柃、密花树、小叶干花豆、盐肤木、银叶巴豆、毛杜茎山、斜叶榕、三桠苦、线柱苣苔、毛叶算盘子、木姜子	棕叶芦、大芒萁、飞机草、莠竹、华珍珠茅、紫柄蕨、类芦、脉耳草、山菅兰、蒿枝、山姜	甘葛、小花酸藤子、金刚藤、栽秧泡、穿鞘菝葜、红纸扇、买麻藤、独子藤、光叶薯蓣
西南桦人工林Ⅰ/山地雨林	降真香、红梗润楠、刺栲、短刺栲、披针叶楠、普文楠、鹅掌柴、云树、红果葱臭木、滇桂木莲 、木奶果、滇南九节木、粗叶木、橙果五层龙、云南瘿椒树、密花树、假桂乌口树、大叶玉叶金花、思茅蒲桃、滇银柴、山榕、绒毛肉实树、假苹婆、大叶榕、毛叶算盘子	鞭叶铁线蕨、尖果穿鞘花、爱地草、长尖莎草、山菅兰、红果莎、金毛狗、粗喙海棠	厚果鸡血藤、独子藤、小花酸藤子、红叶藤、鹿角藤
西南桦人工林Ⅱ/山地雨林	思茅蒲桃、银叶巴豆、毛杜茎山、大叶榕、密花树、红木荷、滇银柴、毛叶算盘子	山菅兰、紫柄蕨、长尖莎草	小花酸藤子、独子藤、买麻藤
西南桦天然林/山地雨林	红木荷、滇银柴、红梗润楠、密花树、刺栲、银叶巴豆、毛杜茎山、毛叶算盘子、西南猫尾木、披针叶楠、山桂花	紫柄蕨、山菅兰	小花酸藤子、买麻藤、独子藤

第二节　科属组成与区系成分分析

一、科属组成

根据样地调查统计资料，西南桦人工林Ⅰ有维管束植物 109 种，分属 59 科 92 属，优势科为茜草科（Rubiaceae，8 属 8 种）、樟科（Lauraceae，4 属 5 种），39 个科为单属、单种，占 66.10%（表 2.7、表 2.8）；西南桦人工林Ⅱ有维管束植物 60 种，分属 33 科 56 属，优势科为大戟科（Euphorbiaceac，6 属 7 种）、蝶形花科（Papionaoeae，4 属 5 种）、禾本科（Gramineae，4 属 4 种），20 个科为单属、单种，占 60.61%；西南桦次生林维管束植物 55 种，分属 30 科 52 属，优势科为茜草科（6 属 6 种）、大戟科（5 属 5 种）、樟科（4 属 4 种）、禾本科（4 属 4 种），19 个科为单属、单种，占 63.33%；山地雨林维管束植物有 83 种，分属 48 科 76

属，优势科为茜草科（6 属 6 种）、樟科（5 属 6 种）、大戟科（5 属 5 种），31 个科为单属、单种，占 64.58%。

表 2.7　不同群落植物科、属和种数量组成

比较群落	科数	属数	种数
西南桦人工林 I	59	92	109
西南桦人工林 II	33	56	60
西南桦天然林	30	52	55
山地雨林	48	76	83

表 2.8　普文西南桦群落、热带山地雨林群落的科、属组成

科名	西南桦人工林 I		西南桦人工林 II		西南桦天然林		山地雨林	
	属数	种数	属数	种数	属数	种数	属数	种数
桦木科 Betulaceae	1	1	1	1	1	1		
樟科 Lauraceae	4	5	1	1	4	4	5	6
壳斗科 Fagaceae	2	7			2	2	1	2
蝶形花科 Papilionaceae	3	3	4	5	3	3	3	4
山茶科 Theaceae	2	3	2	2	2	2	1	1
茜草科 Rubiaceae	8	8	4	4	6	6	6	6
桑科 Moraceae	1	6	1	2	1	1	1	3
五加科 Araliaceae	2	2	1	1			1	1
大戟科 Euphorbiaceae	3	3	6	7	5	5	5	5
紫金牛科 Myrsinaceae	3	4	3	3	3	3	3	3
芸香科 Rutaceae	3	4	1	1	1	2	1	1
楝科 Meliaceae	1	1					2	2
夹竹桃科 Apocynaceae	3	3					3	4
蔷薇科 Rosaceae	1	2	2	2	1	1		
禾本科 Gramineae	3	3	4	4	4	4		
菊科 Compositae	3	4	3	3	2	3		
姜科 Zingiberaceae	2	2	1	1	1	1	1	1
莎草科 Cyperaceae	2	2	2	2	1	1	2	2
野牡丹科 Melastomataceae	3	3	1	1	1	1		
乌毛蕨科 Blechnaceae	2	2						
胡椒科 Piperaceae	1	2						
木樨科 Oleaceae	1	1						
胡桃科 Juglandaceae	1	1	1	1				
柿树科 Ebenaceae	1	1						

续表

科名	西南桦人工林 I		西南桦人工林 II		西南桦天然林		山地雨林	
	属数	种数	属数	种数	属数	种数	属数	种数
省沽油科 Staphyleaceae	1	1					2	2
含羞草科 Mimosaceae	1	1			1	1		
马鞭草科 Verbenaceae	1	1						
番荔枝科 Annonaceae	1	1					1	1
山榄科 Sapotaceae	1	1					1	1
木兰科 Magnoliaceae	1	1			1	1	2	2
翅子藤科 Hippocrateaceae	1	1					1	1
金缕梅科 Hamamelidaceae	1	1						
桃金娘科 Myrtaceae	1	1	1	1			2	2
漆树科 Anacardiaceae	1	1	2	2	1	1		
梧桐科 Sterculiaceae	1	1	1	1			1	1
百合科 Liliaceae	2	2	2	2	1	1	3	3
凤尾蕨科 Pteridaceae	1	1						
苦苣苔科 Gesneriaceae	1	1	1	1	1	1		
仙茅科 Hypoxidaceae	1	1	1	1				
鸭跖草科 Commelinaceae	1	1					1	1
金星蕨科 Thelypteridaceae	1	1	1	1	1	1	1	1
卷柏科 Selaginellaceae	1	1						
蚌壳蕨科 Dicksoniaceae	1	1					1	1
椴树科 Tiliaceae	1	1						
铁线蕨科 Adiantaceae	1	1					1	1
秋海棠科 Begoniaceae	1	1					1	1
三叉蕨科 Aspidiaceae	1	1						
天南星科 Araceae	1	1					1	1
蓼科 Polygonaceae	1	1						
鳞毛蕨科 Dryopteridaceae	1	1						
唇形科 Labiatae	1	1	1	1				
卫矛科 Celastraceae	1	1	1	1	1	1	1	1
防己科 Menispermaceae	1	1					1	1
海金沙科 Lygodiaceae	1	1					1	1
忍冬科 Caprifoliaceae	1	1						
牛栓藤科 Connaraceae	1	1					1	1
萝藦科 Asclepiadaceae	1	1						
薯蓣科 Dioscoreaceae	1	1	1	1	1	1		

续表

科名	西南桦人工林 I		西南桦人工林 II		西南桦天然林		山地雨林	
	属数	种数	属数	种数	属数	种数	属数	种数
藤黄科 Guttiferae	1	1	1	1	1	1	1	1
葡萄科 Vitaceae			1	1			1	1
锦葵科 Malvaceae			1	1				
买麻藤科 Gnetaceae			1	1	1	1	1	1
里白科 Gleicheniaceae			1	1	1	1		
菝葜科 Smilacaceae			1	2	1	2	1	2
冬青科 Aquifoliaceae					1	1		
紫葳科 Bignoniaceae					1	1	2	2
无患子科 Sapindaceae							1	1
清风藤科 Sabiaceae							1	1
茱萸科 Icacinaceae							1	1
葫芦科 Cucurbitaceae							1	1
棕榈科 Palmae							2	2
八角科 Illiciaceae							1	1
马钱子科 Strychnaceae							1	1
苳叶科 Marantaceae							1	1
爵床科 Acanthaceae							1	1
铁角蕨科 Aspleniaceae							1	1
槲蕨科 Drynariaceae							1	1
合计	92	109	56	60	52	55	76	83

二、群落植物区系分析

（一）科的分布区类型

根据科的现代地理分布（吴征镒等，2006；陆树刚，2004），可将西南桦人工林 I 统计到的植物划分为 5 种分布区类型（表 2.9），总计 59 个科。其中，世界分布 13 科，如蝶形花科、茜草科、桑科（Moraceae）、蔷薇科（Rosaceae）、禾本科等，占 22.03%；泛热带分布 34 科，占 57.63%，如樟科、山茶科（Theaceae）、大戟科、紫金牛科（Myrsinaceae）等；热带亚洲至热带美洲间断分布 5 科，占 8.47%，如省沽油科（Staphyleaceae）、马鞭草科（Verbenaceae）、五加科（Aralaceae）、翅子藤科（Hippocrateaceae）、苦苣苔科（Gesnoriaceae）等；北温带分布 6 科，占

10.17%，如忍冬科（Cprifoliaceae）、百合科（Liliaceae）、壳斗科（Fagaceae）、胡桃科（Juglandaceae）、金缕梅科（Hamamelidaceae）、桦木科等（Betulaceae）；东亚至北美洲间断分布 1 科，占 1.70%，为木兰科。西南桦人工林Ⅱ可划分为 4 种分布区类型，总计 33 科。其中，世界分布 8 科，占 24.24%；泛热带分布 20 科，占 60.61%；热带亚洲至热带美洲间断分布 2 科，占 6.06%；北温带分布 3 科，占 9.09%。西南桦天然林可划分为 5 种分布区类型，总计 30 科。其中，世界分布 7 科，占 23.33%；泛热带分布 17 科，占 56.67%；热带亚洲至热带美洲间断分布 2 科，占 6.67%；北温带分布 3 科，占 10.00%；东亚至北美洲间断分布 1 科，占 3.33%。山地雨林可划分为 7 种分布区类型，总计 48 科。其中，世界分布 5 科，占 10.42%；泛热带分布 34 科，占 70.83%；热带亚洲至热带美洲间断分布 3 科，占 6.25%；热带亚洲至热带大洋洲分布 1 科，占 2.08%；热带亚洲分布 1 科，占 2.08%；北温带分布 2 科，占 4.17%；东亚至北美洲间断分布 2 科，占 4.17%。

表 2.9　普文西南桦群落、山地雨林植物科的分布区类型统计

分布区类型	西南桦人工林Ⅰ		西南桦人工林Ⅱ		西南桦天然林		山地雨林	
	科数	百分比/%	科数	百分比/%	科数	百分比/%	科数	百分比/%
1 型（世界分布）	13	22.03	8	24.24	7	23.33	5	10.42
2 型（泛热带分布）	34	57.63	20	60.61	17	56.67	34	70.83
3 型（热带亚洲至热带美洲间断分布）	5	8.47	2	6.06	2	6.67	3	6.25
4 型（热带亚洲至热带大洋洲分布）	-	-	-	-	-	-	1	2.08
5 型（热带亚洲分布）	-	-	-	-	-	-	1	2.08
6 型（北温带分布）	6	10.17	3	9.09	3	10.00	2	4.17
7 型（东亚至北美洲间断分布）	1	1.70	-	-	1	3.33	2	4.17
合计	59	100	33	100	30	100	48	100

4 种群落均以热带区系成分（2～5 型）为主，占 63.34%～81.24%，其中以泛热带分布占优势，占 56.67%～70.83%，但缺乏肉豆蔻科、龙脑香科、四角果科、露兜树科、八宝树科等典型热带分布的科；其次为世界分布成分，占 10.42%～24.24%；温带成分（6～7 型）比例则较低，占 8.34%～11.87%。比较各群落科的分布区类型，普文热带山地雨林科的热带区系成分要比西南桦人工林和次生群落丰富，热带亚洲至热带大洋洲和热带亚洲 2 种分布类型仅在山地雨林中出现。同时，山地雨林的世界分布和北温带分布类型的总科数和所占百分比明显低于西南桦人工林和次生群落。

以上数据表明，西双版纳普文 13 年生西南桦人工林的植物区系热带性质十分明显，与地带性植被山地雨林一样，受泛热带植物区系的影响极为强烈。若长期保持近自然的经营状况，随着演替进展，蔷薇科、禾本科、菊科、木樨科（Oleaceae）、蓼科（Polygonaceae）、唇形科（Labiatae）、卷柏科（Selaginellaceae）、鳞毛蕨科（Dryopteridaceae）等世界分布类型以及胡桃科（Juglandaceae）、金缕梅科（Hamamelidaceae）、忍冬科（Cprifoliaceae）、桦木科（Betulaceae）等北温带分布类型的植物物种将逐步减少或消失，而槲蕨科（Drynaraceae）、清风藤科（Sabiaceae）等热带亚洲至热带大洋洲分布和热带亚洲分布科的植物物种将会迁入发育。

（二）属的分布区类型

根据吴征镒等（2006）的中国种子植物属的分布区类型属的地理成分分类以及吴兆洪和秦仁昌（1991）、秦仁昌（1978）、陆树刚（2004）对蕨类植物属的地理成分划分标准，可将西南桦人工林 I 调查统计到的 92 个属的 109 种植物归为 11 个分布型 8 个变型（表 2.10）。其中，世界分布 7 属，占 7.61%，为苔草属（*Carex*）、千里光属（*Senecio*）、蓼属（*Polygonum*）、莎草属（*Cyperus*）、悬钩子属（*Rubus*）、铁线蕨属（*Adiantum*）、卷柏属（*Selaginella*）；泛热带分布及其变型所含属数最多，共计 31 个属，占总属数的 33.70%，为榕属（*Ficus*）、算盘子属（*Glochidion*）、密花树属（*Rapanea*）、九节属（*Psychotria*）、鹅掌柴属（*Schefflera*）、柿树属（*Diospyros*）、紫珠属（*Callicarpa*）、五层龙属（*Salacia*）、苹婆属（*Sterculia*）、斑鸠菊属（*Vernonia*）、泽兰属（*Eupatorium*）、大叶仙茅仙茅属（*Curculigo*）、胡椒属（*Piper*）、爱地草属（*Geophila*）、刺蒴麻属（*Triumfetta*）、秋海棠属（*Begonia*）、钩藤属（*Uncaria*）、南蛇藤属（*Celastrus*）、黄檀属（*Dalbergia*）、崖豆藤属（*Millettia*）、木防已属（*Cocculus*）、红叶藤属（*Rourea*）、薯蓣属（*Dioscorea*）、凤尾蕨属（*Pteris*）、乌毛蕨属（*Blechnum*）、毛蕨属（*Cyclosorus*）、狗脊蕨属（*Woodwardia*）、鱼鳞蕨属（*Acrophorus*）、鳞毛蕨属（*Dryopteris*）、海金莎属（*Lygodium*）、粗叶木属（*Lasianthus*）；热带亚洲和热带美洲间断分布 4 属，占 4.35%，为楠属（*Phoebe*）、柃木属（*Eurya*）、千年健属（*Homalomena*）、金毛狗属（*Cibotium*）；旧世界热带分布及其变型 13 属，占 14.13%，为玉叶金花属（*Mussaenda*）、杜茎山属（*Maesa*）、合欢属（*Albizzia*）、鱼骨木属（*Canthium*）、酸脚杆属（*Medinilla*）、谷木属（*Memecylon*）、蒲桃属（*Syzygium*）、山姜属（*Alpinia*）、吴茱萸属（*Evodia*）、酸藤子属（*Embelia*）、白叶藤属（*Cryptolepis*）、乌口树属（*Tarenna*）、瓜馥木属（*Fissistigma*）；热带亚洲至热带大洋州分布 6 属，占 6.52%，为水锦树属（*Wendlandia*）、野牡丹属（*Melastoma*）、山油柑属（*Acronychia*）、樟属（*Cinnamomum*）、山菅属（*Dianella*）、淡竹叶属（*Lophatherum*）；热带亚洲至热带

表 2.10　普文西南桦群落、山地雨林植物属的分布区类型统计

分布区类型及其变型	西南桦人工林Ⅰ		西南桦人工林Ⅱ		西南桦天然林		山地雨林	
	属数	百分比/%	属数	百分比/%	属数	百分比/%	属数	百分比/%
1 型（世界分布）	7	7.61	2	3.57	1	1.92	3	3.95
2 型（泛热带分布）	30	32.61	18	32.14	18	34.62	20	26.32
2-2 型（热带亚洲、非洲和南美洲间断分布）	1	1.09	-	-	-	-	2	2.63
3 型（热带亚洲和热带美洲间断分布）	4	4.35	3	5.36	4	7.68	6	7.89
4 型（旧世界热带分布）	11	11.96	11	19.64	9	17.31	9	11.84
4-1 型（热带亚洲、非洲和大洋洲间断）	2	2.17	-	-	-	-	4	5.26
5 型（热带亚洲至热带大洋州分）	6	6.52	2	3.57	2	3.85	6	7.89
6 型（热带亚洲至热带非洲分布）	3	3.25	2	3.57	2	3.85	5	6.58
6-2 型（热带亚洲和东非间断）	1	1.09	-	-	-	-	-	-
7 型（热带亚洲分布）	15	16.30	8	14.29	8	15.38	15	19.74
7-1 型（爪哇、喜马拉雅和华南、西南星散分布）	1	1.09	1	1.79	1	1.92	1	1.32
7-2 型（热带印度至华南）	-	-	1	1.79	-	-	-	-
7-4 型（越南（或中南半岛）至华南（或西南））	-	-	-	-	1	1.92	0	0
8 型（北温带分布）	2	2.17	3	5.35	3	5.77	0	0
9 型（东亚和北美间断分布）	3	3.25	2	3.56	2	3.86	3	3.94
10 型（旧世界温带分布）	-	-	1	1.79	-	-	-	-
10-2 型（地中海区和喜马拉雅间断）	1	1.09	-	-	-	-	-	-
10-3 型（地中海区至温带、热带亚洲，大洋州和南美洲间断）	1	1.09	-	-	-	-	-	-
14 型（东亚分布）	1	1.09	1	1.79	-	-	1	1.32
14-1 型（(中国）喜马拉雅）	1	1.09	-	-	-	-	-	-
14-2 型（中国—日本）	1	1.09	1	1.79	1	1.92	-	-
15 型（中国特有分布）	1	1.09	-	-	-	-	1	1.32
合计	92	100	56	100	52	100	76	100

非洲分布及其变型 4 属，占 4.35%，为穿鞘花属（*Amischotolype*）、飞龙掌血属（*Toddalia asiatica*）、藤黄属（*Garcinia*）、姜花属（*Hedychium*）；热带亚洲分布及其变型 16 属，占 17.39%，为干花豆属（*Fordia*）、黄杞属（*Engelhardtia*）、润楠属（*Machilus*）、茶梨属（*Anneslea*）、鸡骨常山属（*Alstonia*）、银柴属（*Aporusa*）、山胡椒属（*Lindera*）、坚木属（*Dysoxylum*）、肉实树属（*Sarcosperma*）、木莲属（*Manglietia*）、木奶果属（*Baccaurea*）、长节珠属（*Parameria*）、线柱苣苔属（*Rhynchotechum*）、棕叶芦属（*Thysanolaena*）、鹿角藤属（*Chonemorpha*）、蕈树

属（*Altingia*）；北温带分布 2 属，占 2.17%，为桦木属（*Betula*）、忍冬属（*Lonicera*）；东亚和北美间断分布 3 属，占 3.25%，为石栎属（*Lithocarpus*）、锥栎属（*Castanopsis*）、楤木属（*Aralia*）；地中海区和喜马拉雅间断分布 1 属占 1.09%，为蜜蜂花属（*Melissa*）；地中海区至温带热带亚洲，大洋州和南美洲间断分布 1 属占 1.09%，为木樨榄属（*Olea*）；东亚分布及其变型 3 属，占 3.27%，为沿阶草属（*Ophiopogon*）、苦竹属（*Pleioblastus*）、南酸枣属（*Choerospondias*）；中国特有分布 1 属占 1.09%，为瘿椒树属（*Tapiscia*）。热带成分类型及其变型（2～7 型）共计 74 属，占 80.43%，构成该植物区系的主体，因此，该植物区系仍属于热带性质的植物区系。同时，该植物区系中又含有一定的温带成分类型及其变型（8～14 型），共有 10 属，占总属数的 10.87%，表明了该植物区系受泛热带植物区系的渗透和影响较为强烈，属于泛热带植物区系的北部边缘部分，与世界各地热带植物区系，特别是热带亚洲植物区系和旧世界热带植物区系均有较密切的关系，且与东亚植物区系也有一定联系。

西南桦人工林 II 调查统计 60 种 56 属植物可归为 11 个分布型及 3 个变型。其中，世界分布 2 属，占 3.57%；泛热带分布 18 个属，占 32.14%；热带亚洲和热带美洲间断分布 3 属，占 5.36%；旧世界热带分布 11 属，占 19.64%；热带亚洲至热带大洋州分布 2 属，占 3.57%；热带亚洲至热带非洲分布 2 属，占 3.57%；热带亚洲分布及其变型 10 属，占 17.87%；北温带分布 3 属，占 5.35%；东亚和北美间断分布 2 属，占 3.56%；旧世界温带分布 1 属，占 1.79%；东亚分布及其变型 2 属，占 3.58%。热带成分类型及其变型（2～7 型）共计 46 属，占 82.15%，温带成分类型及其变型（8 型、9 型、10 型、14 型、14-2 型），共 8 属，占 14.28%。

热带山地雨林调查统计到的 83 种 76 属植物可归为 10 个分布型 3 个变型。其中，世界分布 3 属，占 3.95%；泛热带及其变型 22 属，占总属数 28.95%；热带亚洲和热带美洲间断分布 6 属，占 7.89%；旧世界热带分布及其变型 13 属，占 17.10%；热带亚洲至热带大洋州分布 6 属，占 7.89%；热带亚洲至热带非洲分布 5 属，占 6.58%；热带亚洲分布及其变型 16 属，占 21.06%；东亚和北美间断分布 3 属，占 3.94%；东亚分布 1 属，占 1.32%；中国特有分布 1 属，占 1.32%。热带成分类型及其变型（2～7 型）共计 68 属，占 89.47%，构成该植物区系的主体，因此，该植物区系属于热带性质的植物区系。同时，该植物区系中又含有一定的温带成分类型及其变型（9 型、14 型），共有 4 属，占 5.26%，表明了该植物区系具有热带北缘性或向亚热带的过渡性。

西南桦天然林调查统计 52 个属的 55 种植物可归为 9 个分布型及 3 个变型。其中，世界分布 1 属，占 1.92%；泛热带分布 18 个属，占 34.62%；热带亚洲和热带美洲间断分布4属，占7.68%；旧世界热带分布9属，占17.31%；热带亚洲至热带大洋州分布2属，占3.85%；热带亚洲至热带非洲分布2属，占3.85%；热带亚洲分布及其变型10属，占19.22%；北温带分布3属，占5.77%；东亚和北美间断分布2属，占3.86%；中国—日本分布1属，占1.92%。热带成分类型及其变型（2～7型）共计45属，占86.53%，温带成分类型及其变型（8型、9型、14-2型）共有6属，占11.55%。

与山地雨林和西南桦天然林比较，西南桦人工林植物区系成分均以热带成分占绝对优势，温带成分类型及其变型较山地雨林丰富，属的数量和所占比例也均较山地雨林高。地中海区和喜马拉雅间断分布、地中海区至温带、热带亚洲、大洋州和南美洲间断分布和热带亚洲和东非间断3种分布型及变型仅在西南桦人工林Ⅰ样地中出现，热带印度至华南分布和旧世界温带分布仅在西南桦人工林Ⅱ中出现，越南（或中南半岛）至华南（或西南）也仅在西南桦次生林样地中出现。西南桦人工林Ⅰ和西南桦次生林无中国特有分布属，西南桦次生林和山地雨林无旧世界温带分布类型属，山地雨林无北温带分布类型属。

由于在山地雨林采伐迹地更新的西南桦人工林Ⅰ的演替进展明显较西南桦人工林Ⅱ（以黄牛木、水锦树为优势种的次生林采伐迹地更新）快，比较普文2种西南桦人工林和山地雨林属的分布区类型可以看出，随着西南桦人工林演替进展，幌伞枫属（*Heteropanax*）等热带印度至华南分布和梨属（*Pyrus*）等旧世界温带分布、蜜蜂花属（*Melissa*）等地中海区和喜马拉雅间断分布、木樨榄属等地中海区至温带、热带亚洲，大洋州和南美洲间断分布、南酸枣属（*Choerospondias*）等中国—喜马拉雅分布以及桦木属（*Betula*）、忍冬属（*Lonicera*）、盐肤木属（*Rhus*）、凤毛菊属（*Saussurea*）等北温带分布的植物物种将逐渐从人工群落中消亡，而粗叶木属（*Lasianthus*）等热带亚洲、非洲和南美洲间断分布、乌口树属（*Tarenna*）和瓜馥木属（*Fissistigma*）等热带亚洲、非洲和大洋洲间断分布以及瘿椒树属等中国特有分布的植物种类有逐步增加的趋势。

第三节　群落的外貌特征

一、植物生活型谱

根据Raunkiaer（1932）生活型分类系统统计，普文4种类型群落均以高位芽植物为主（表2.11），占75%～80%，其中又以小高位芽植物占优势，占31.33%～38.18%；其次为地面芽植物，占12.05%～15.60%；再次为地上芽植物，占3.64%～7.23%；地下芽植物所占比例最小，仅为1.20%～3.64%；一年植物在4种类型群落中均未出现。因此，普文 4 种不同类型群落植物生活型谱均呈现高位芽植物>地面芽植物>地上芽植物>地下芽植物的同一性规律。

表 2.11　普文西南桦群落和热带山地雨林群落生活型谱比较

生活型	西南桦人工林 I		西南桦人工林 II		西南桦天然林		山地雨林	
	物种数	百分比/%	物种数	百分比/%	物种数	百分比/%	物种数	百分比/%
大高位芽	4	3.67	6	10.00	6	10.91	10	12.05
中高位芽	26	23.85	8	13.33	10	18.18	23	27.71
小高位芽	34	31.19	21	35.00	21	38.18	26	31.33
矮高位芽	19	17.43	10	16.67	7	12.73	7	8.43
地上芽	6	5.50	5	8.33	2	3.64	6	7.23
地面芽	17	15.60	8	13.33	7	12.73	10	12.05
地下芽	3	2.75	2	3.33	2	3.64	1	1.20
一年植物	0	0	0	0	0	0	0	0

在高位芽植物中，大高位芽植物以山地雨林的物种数最高，为 10 种，占 12.05%，西南桦人工林 I 仅有 4 种，为西南桦、短刺栲、红梗润楠、刺栲；中高位芽植物在山地雨林和西南桦人工林 I 中所占比例较高，分别为 27.71%（23 种）和 23.85%（26 种），而西南桦天然林和西南桦人工林 II 仅为 18.18%（10 种）和 13.33%（8 种）；矮高位芽植物以西南桦人工林 I 和西南桦人工林 II 所占比例较高，分别为 17.43%（19 种）和 16.67%（10 种），山地雨林最低，仅为 8.43%（7 种）。地上芽植物西南桦天然林仅调查统计到植物 2 种，占 3.64%，其余 3 种群落类型为 5～6 种，占 5.50%～8.33%。地面芽植物在 4 种群落类型中所占比例无明显差异，但西南桦人工林 I 的地面芽物种数量（17 种）明显高于其他 3 种群落类型（7～10 种）。地下芽植物在 4 种群落中较为稀少，仅为 1～3 种。

二、叶　级　谱

按照 Raunkiaer（1932）划分叶级谱的方法，根据叶面积的统计结果见表 2.12。

普文 4 种群落类型叶级谱分布均以中型叶占绝对优势，占 65.06%～74.55%，包括了绝大部分乔灌木树种；其次是大型叶，占 14.68%～24.10%，主要为中、小乔木和灌木；小型叶所占比例较小，为 2.75%～8.33%；巨型叶仅出现于西南桦人工林 I 和山地雨林，分别占 8.26%和 7.23%，说明普文西南桦人工林 I 和山地雨林这 2 种群落的水湿状况要优于其他 2 种群落类型；微型叶只在西南桦人工林 II 调查统计到 1 种，即余甘子，说明西南桦人工林 II 的水湿和土壤状况较其他 3 种群落差。

表 2.12　普文西南桦群落和山地雨林群落叶型谱比较

叶型谱	西南桦人工林 I		西南桦人工林 II		西南桦天然林		山地雨林	
	物种数	百分比/%	物种数	百分比/%	物种数	百分比/%	物种数	百分比/%
巨型叶	9	8.26	0	0	0	0	6	7.23
大型叶	16	14.68	11	18.33	12	21.82	20	24.10
中型叶	81	74.31	43	71.67	41	74.55	54	65.06
小型叶	3	2.75	5	8.33	2	3.63	3	3.61
微型叶	0	0	1	1.67	0	0	0	0
合计	109	100	60	100	55	100	83	100

注：巨型叶：＞1500 cm^2，大型叶：180～1500 cm^2，中型叶：20～180 cm^2，小型叶：2～20 cm^2，微型叶：0.2～2 cm^2。

从表 2.12 还可看出，与山地雨林相比，西南桦人工林 I 的叶级谱同山地雨林较为相似，西南桦人工林 II 和西南桦天然林则表现为巨型叶缺乏，大型叶比例偏低，中型叶和小型叶比例偏高，尤其是西南桦人工林 II 的小型叶比例（8.33%）明显高于山地雨林。

三、叶型和叶缘谱

普文 4 种群落类型的叶型以单叶为主（表 2.13），占 78.90%～85.45%，复叶占 14.55%～21.10%；叶缘是以全缘叶为主，占 77.06%～84.34%，非全缘占 15.66%～22.94%。与山地雨林相比，3 种西南桦群落的叶型和叶缘谱与山地雨林没有明显差异。西南桦人工林 I 的叶型谱与山地雨林基本相同，而西南桦人工林 II 和西南桦天然林单叶比例稍偏高；西南桦天然林的叶缘谱与山地雨林基本相同，而西南桦人工林 I 和西南桦人工林 II 的全缘叶比例稍偏低。

表 2.13　普文西南桦群落和山地雨林叶型和叶缘谱比较

群落类型	叶型				叶缘			
	单叶		复叶		全缘		非全缘	
	物种数	百分比/%	物种数	百分比/%	物种数	百分比/%	物种数	百分比/%
西南桦人工林 I	86	78.90	23	21.10	84	77.06	25	22.94
西南桦人工林 II	50	83.33	10	16.67	47	78.33	13	21.67
西南桦天然林	47	85.45	8	14.55	46	83.64	9	16.36
山地雨林	66	79.52	17	20.48	70	84.34	13	15.66

四、生活强度谱

组成普文西南桦群落和山地雨林的植物物种，按生活强度分强（Ⅳ）、中（Ⅲ）、弱（Ⅱ）、差（Ⅰ）4级（表2.14）。生长势谱划分依据为：Ⅳ级（强），即营养生长旺盛，能进行有性繁殖并产生大量种子与幼苗的植物种类；Ⅲ级（中）即生长表现一般；Ⅱ级（弱），即生长较差、不能开花结实；Ⅰ级（差），即生长困难，已有从本林分中消失倾向的植物（曾觉民，2002）。

表2.14　普文西南桦群落和山地雨林植物成分的生活强度（生长势）谱比较

群落类型	Ⅳ级		Ⅲ级		Ⅱ级		Ⅰ级	
	物种数	百分比/%	物种数	百分比/%	物种数	百分比/%	物种数	百分比/%
西南桦人工林Ⅰ	39	35.78	45	41.28	18	16.52	7	6.42
西南桦人工林Ⅱ	19	30.17	26	43.33	15	25.00	-	-
西南桦天然林	22	40.00	23	41.82	10	18.18	-	-
山地雨林	51	61.45	27	32.53	5	6.02	-	-

由表2.14可知，普文山地雨林主要以营养生长旺盛且进行有性繁殖并产生大量种子与幼苗幼树的生活强度（生长势）为Ⅳ级（强）的植物种类占优势（61.45%），显著高于其他3种西南桦群落；生长表现一般生活强度（生长势）为Ⅲ级（中）的组成物种占32.53%；而生长较差、不能开花结实生活强度（生长势）为Ⅱ级（弱）的植物种类仅占6.02%，明显低于其他3种西南桦群落；生长困难的种类没有统计到。以上数据表明普文山地雨林组成该林分的植物种类生长均较良好，群落处于相对稳定阶段。

在山地雨林采伐迹地上造林的西南桦人工林Ⅰ不仅组成植物种类丰富，而且还出现了生长困难生活强度（生长势）为Ⅰ级（差）的植物种类（7种，占6.42%），即毛叶算盘子、称杆树（*Maesa ramentacea*）、多花野牡丹、刺蒴麻、九里光、紫茎泽兰、飞龙掌血。这些物种主要为阳性灌木、草本和藤本植物，随着林分逐渐郁闭，已不适应或忍耐林下荫蔽环境，将被阴性或中性物种替代，并从群落中消亡。此外，生活强度（生长势）为Ⅱ级（弱）的植物种类有18种，占16.52%。与西南桦人工林Ⅱ和西南桦天然林比较，西南桦人工林Ⅰ演替进展较快，种间竞争更为激烈。

西南桦人工林Ⅱ和西南桦天然林生活强度（生长势）为Ⅱ级（弱）的植物种类分别为15种和10种，各占25%和18.18%，但未出现生长困难的种类，说明这2种群落演替进展较西南桦人工林Ⅰ慢，种间竞争较西南桦人工林Ⅰ弱。

五、光照生态类型谱

长期生长在不同光照强度环境下的植物在形态结构和生理等方面产生了相应的适应，形成了阳性植物、耐阴植物和阴性植物 3 大以光强为主导因子的生态类型。阳性植物是在全光照的环境中才能生长健壮和繁殖，在荫蔽和弱光条件下生长发育不良的植物；阴性植物是在较弱光照条件下比在强光下生长良好的植物；耐阴植物是在全光照条件下生长最好，尤其是成熟植物，但也能忍受适度的荫蔽或其幼苗可在较荫蔽的生境中生长的植物。根据以上阳性（Ⅰ）、耐阴（Ⅱ）、阴性（Ⅲ）3 级划分标准，统计出 4 种群落类型的光照生态类型谱见表 2.15。

表 2.15　普文西南桦群落和山地雨林植物成分的光照生态类型谱比较

群落类型	阳性植物（Ⅰ级）		耐阴植物（Ⅱ级）		阴性植物（Ⅲ级）	
	物种数	百分比/%	物种数	百分比/%	物种数	百分比/%
西南桦人工林Ⅰ	41	37.61	32	29.36	36	33.03
西南桦人工林Ⅱ	37	61.67	12	20	11	18.33
西南桦天然林	34	61.82	11	20	10	18.18
山地雨林	32	38.55	27	32.53	24	28.92

由表 2.15 可知，普文西南桦人工林Ⅰ和山地雨林的光照生态类型谱较为接近，阳性植物所占比例分别为 37.61%和 38.55%，耐阴植物为 29.36%和 32.53%，阴性植物为 33.03%和 28.92%。山地雨林中耐阴植物所占比例略高于西南桦人工林Ⅰ，山地雨林中阴性植物略低于西南桦人工林Ⅰ，阳性植物所占比例基本相同。而西南桦人工林Ⅱ和西南桦天然林的光照生态类型谱基本一致，阳性植物所占比例分别为 61.67%和 61.82%，耐阴植物均为 20%，阴性植物分别为 18.33%和 18.18%。

4 种群落类型相比较而言，西南桦人工林Ⅰ和山地雨林阳性植物所占比例明显低于西南桦人工林Ⅱ和西南桦天然林，西南桦人工林Ⅰ和山地雨林耐阴植物和阴性植物所占比例显著高于西南桦人工林Ⅱ和西南桦天然林。

以上数据说明，处于顶级的山地雨林和演替初期群落发育较快的西南桦人工林Ⅰ，其物种组成丰富，林分郁闭度较高，群落内较为荫蔽，光照强度弱，以耐阴植物和阴性植物居多。普文山地雨林的耐阴植物主要分布于乔木层、灌木层，常见的如窄序崖豆树、降真香、红梗润楠、思茅黄肉楠（*Actinodaphne henryi*）、披针叶楠、普文楠、鹅掌柴、绒毛肉实树（*Sarcosperma kachinense*）等；阴性植物主要集中分布于草本层，如云南豆蔻、山菅兰、爱地草（*Geophila herbacea*）、长尖莎草、紫柄蕨（*Pseudophegopteris pyrrhorachis*）、千年健、金毛狗（*Cibotium barometz*）等。西南桦人工林Ⅰ的耐阴植物主要分布于灌木层，如披针叶楠、小叶干花豆、红皮水锦树、红榾（*Anneslea fragrans*）、密花树等；阴性植物主要集中分布于草本层，如滇姜花、山菅兰、红果莎、西南凤尾蕨（*Pteris wallichiana*）、大叶仙茅（*Curculigo capitulata*）、大高良姜（*Alpinia galanga*）等。

西南桦人工林Ⅱ和西南桦天然林，物种组成显著低于西南桦人工林Ⅰ和山地雨林，层次分化较不明显，郁闭度相对较低，组成物种主要以阳性植物占绝对优势，且主要分布于灌木层和藤本层。西南桦人工林Ⅱ常见的有黄牛木、水锦树、思茅蒲桃、盐肤木（*Rhus chinensis*）、中平树、栽秧泡、独子藤、买麻藤等。西南桦天然林主要为西南桦、浆果乌桕、中平树、黄牛木、水锦树、红木荷、小花酸藤子、栽秧泡、双钩藤等。

六、水分生态类型谱

陆生植物可按其适应特征划分为湿生、中生和旱生植物 3 种类型。湿生植物是适宜生活在水分饱和或周期性水淹的地段，具有抗水淹能力，不能忍长时间缺水；中生植物是适宜生长在水湿条件适中的生境；旱生植物能忍受较长时间干旱，具有多种适应干旱的形态结构特征和生理生化特征，有较强体内水分平衡调节功能（曾觉民，2002）。普文 4 种群落类型水分生态类型谱见表 2.16。

表 2.16　普文西南桦群落和山地雨林植物成分的水分生态类型谱比较

群落类型	湿生植物		中生植物		旱生植物	
	物种数	百分比/%	物种数	百分比/%	物种数	百分比/%
西南桦人工林Ⅰ	1	0.92	80	73.39	28	25.69
西南桦人工林Ⅱ	-	-	34	56.67	26	43.33
西南桦天然林	-	-	32	58.18	23	41.82
山地雨林	6	7.23	72	86.75	5	6.02

由表 2.16 可知，普文 4 种群落类型均以中生植物占优势，其中以山地雨林中生植物所占比例最高为 86.75%，其次为西南桦人工林Ⅰ占 73.39%，西南桦天然林和西南桦人工林Ⅱ各占 58.18%和 56.67%，明显低于山地雨林和西南桦人工林Ⅰ。西南桦人工林Ⅱ和西南桦天然林旱生植物所占比例各为 43.33%和 41.82%，显著高于西南桦人工林Ⅱ（25.69%），而山地雨林最低，为 6.02%。湿生植物仅在西南桦人工林Ⅰ和山地雨林中出现，在山地雨林中为 6 种，占 7.23%，具体为毛杜茎山、云南豆蔻、苳叶、尖果穿鞘花、粗喙海棠（*Begonia crassirostris*）和距花万寿竹（*Disporum calcaratum*）；西南桦人工林Ⅰ仅发现粗喙海棠 1 种，占 0.92%。

以上数据表明：西南桦人工林Ⅰ的水湿条件明显优于西南桦人工林Ⅱ和西南

桦天然林，但不如山地雨林，而西南桦人工林Ⅱ和西南桦天然林生境条件相对干燥。3 种类型的西南桦群落，尚处演替初期阶段，林分内仍有大量的旱生植物，尤其是西南桦人工林Ⅱ和西南桦天然林，旱生植物所占比例较高。但随着演替进展，林分内水湿条件的改善，旱生植物所占比例将逐步减少或消失，被中生植物替代。

第四节　群落结构特征

一、西南桦人工林Ⅰ的结构特征

西南桦人工林Ⅰ的垂直结构可分为乔木层、灌木层、草本层及藤本植物（图 2.1）。乔木层只有一层，为西南桦单优种，高 8～15 m，胸径 5.2～19.8 cm，林相整齐，盖度 65%～80%。

灌木层高 2.5～3.5 m，盖度 80%以上，组成物种丰富，以山地雨林和季风常绿阔叶林乔木幼树为主，占灌木层物种总数的 71.13%，常见的有披针叶楠、红梗润楠、短刺栲、刺栲、杯状栲、红果葱臭木、滇桂木莲、云树、高阿丁枫、滇谷木（*Memecylon polyanthum*）、南酸枣（*Choerospondias axillaris*）、思茅蒲桃等；灌木树种以小高位芽种类为主，占 27.88%，主要有小叶干花豆、毛叶算盘子、滇南九节（*Psychotria henryi*）、多花野牡丹、假桂乌口树、猪肚木（*Canthium horridum*）、多脉瓜馥木（*Fissistigma balansae*）、北酸脚杆等。灌木层以披针叶楠为优势种，层盖度 16.3%，重要值 10.74%。

图 2.1　西南桦人工林Ⅰ的群落结构

草本层也较发达，盖度 10%～20%，以中生耐阴与荫生的种类为主。除高大良姜高度在 2 m 以上，其余种类高度多在 1 m 以下，主要有滇姜花、山菅兰、飞机草、红果莎、西南凤尾蕨等，以滇姜花为优势种，层盖度为 3.9%，重要值为 34.06%。

藤本植物发达，以木质藤本为主，常见的有厚果鸡血藤、多脉酸藤子、双钩藤、独子藤、多裂黄檀（*D. rimosa*）等。

二、西南桦人工林Ⅱ的结构特征

西南桦人工林Ⅱ的垂直结构可分为乔木层、灌木层、草本层及藤本植物（图 2.2）。

乔木层为西南桦单优种，高 7～11 m，胸径 4.9～15.8 cm，盖度 60%左右。

灌木层高 1.5～3.5 m，盖度 60%，组成物种乔木幼树占 57.58%，灌木占 42.42%。常见的乔木种类为黄牛木、水锦树、滇银柴、银叶巴豆、密花树、盐肤木等；灌木种类有小叶干花豆、火筒树（*Leea indica*）、毛杜茎山、北酸脚杆、毛叶算盘子、猪肚木等。灌木层以黄牛木、水锦树占优势，层盖度分别为 50.0%、25.5%，重要值为 57.70%、33.79%。

草本层发达，高 0.25～3 m，盖度 20%～30%，主要有棕叶芦、类芦、莠竹、华珍珠茅、长尖莎草等。以滇姜花为优势种，层盖度为 10.0%，重要值为 99.08%。

藤本植物发达，以木质藤本为主，常见的有象鼻藤、甘葛、小花酸藤子、金刚藤、栽秧泡。

图 2.2　西南桦人工林Ⅱ的群落结构

三、西南桦天然林的结构特征

西南桦天然林的垂直结构可分为乔木层、灌木层、草本层及藤本植物（图 2.3）。

乔木层高 12～26 m，胸径 7.8～26 cm，盖度 85%～90%，以西南桦占绝对优势，层盖度为 87.5%，重要值为 246.70%。

灌木层高 1～2 m，盖度 50%左右，组成物种乔木幼树占 70%，灌木占 30%。常见的乔木树种为中平树、西南桦、黄牛木、水锦树、红木荷等；灌木种类有北酸脚杆、猪肚木、苦竹、毛杜茎山、三椏苦（*Evodia lepta*）等。以中平树为优势种，层盖度为 31.5%，重要值为 64.97%。

草本层高 0.3～1.5 m，盖度 5%～10%，主要有棕叶芦、紫茎泽兰、大芒萁、飞机草、莠竹等。其中，棕叶芦为优势种，层盖度为 10.0%，重要值为 74.42%。

图 2.3 西南桦天然林的结构特征

四、山地雨林的结构特征

普文山地雨林的群落结构层次分化明显，其垂直结构可分为乔木层、灌木层、草本层及藤本植物。乔木可分为上、中、下 3 个层次，构成密闭林冠是乔木上层，总盖度达到 95%以上。在乔木层中，发育得最充分的是乔木中层，其次是乔木上层，第三是乔木下层（图 2.4）。

乔木上层（乔木 I 层），高 30～45 m，胸径达 60～100 cm，盖度为 30%～40%。大树呈散生状，树冠不连续。该层主要树种有山韶子、山桂花、红木荷、盆架树等。其中，山韶子占绝对优势，层盖度为 23.5%，分层重要值为 33.36%，其次为盆架树，层盖度为 3.5%，分层重要值为 14.07%。红木荷为季风常绿阔叶林的建群种。

图 2.4　山地雨林的结构特征

乔木中层（乔木Ⅱ层），优势层，层高 12～25 m，胸径 15～40 cm，盖度达 70%以上，树冠涵接，林冠郁闭。组成该层的种类较丰富，除含有大量乔木上层的树种外，主要有窄序崖豆树、普文楠、思茅黄肉楠、滇桂木莲 、降真香、红果葱臭木、泡花树（*Meliosma cuneifolia*）、刺栲、短刺栲等。其中，窄序崖豆树的个体数量最多，层盖度为 37.5%，分层重要值达 46.95%，为该层最主要的优势种，而刺栲和短刺栲是季风常绿阔叶林的建群种。

乔木下层（乔木Ⅲ层），高 3～10 m，胸径 2.5～10 cm，盖度 30%。乔木下层绝大多数为中、上层乔木的幼树，如山韶子、披针叶楠、红梗润楠、泡花树等。此外，尚有云树、木奶果、鹅掌柴、柴龙树、大果山香园（*Turpinia pomifera*）等。以窄序崖豆树占优势，层盖度为 19.0%，重要值为 37.36%。

灌木层高 2 m 左右，盖度 20%～25%。该层种类多，1/3 种类是上层树种的幼树，除少数种类呈小片分布外，其余的个体数都比较稀少，且分布不均匀。灌木层的种类有粗叶木、染木树（*Saprosma termatus*）、老虎楝、橙果五层龙、云南瘿椒树（*Tapislia yunnanensis*）、密花树、假桂乌口树、掌叶榕（*F. simplicissima*）、小花八角（*Illicium micranthum*）、山榕（*F. heterophylla*）、绒毛肉实树等，其间不乏多种藤本植物生长。该层以窄序崖豆树为优势种，层盖度为 15.0%，重要值为 20.41%。

草本层不发达，盖度仅 5%左右，种类不多，且个体数量也很有限，在林窗下或林缘处比较集中。常见种类有云南豆蔻、柊叶、红果莎、褐鞘沿阶草（*Ophiopogon olracaenoides*）、山菅兰、千年健、鞭叶铁线蕨（*Adiantum caudatum*）、粗喙海棠等。以云南豆蔻和柊叶占优势，层盖度均为 10.0%，重要值为 28.59%。

藤本植物发达，大型木质藤本较为显著，主要有独子藤、长萼鹿角藤、小花酸藤子、扁担藤、厚果鸡血藤、买麻藤、滇南省藤、长叶菝葜等。

第五节　小　结

普文 4 种群落按物种数量组成排序依次为西南桦人工林Ⅰ＞山地雨林＞西南桦人工林Ⅱ＞西南桦天然林。在山地雨林采伐迹地上经火烧后直接人工营造的西南桦人工林Ⅰ物种丰富度最高，超过了地带性植被山地雨林；西南桦天然林最低。各层次物种丰富度，3 种西南桦群落均为灌木层＞草本层＞乔木层，物种丰富度以灌木层最高；而山地雨林则为乔木层＞灌木层＞草本层，物种丰富度以乔木层最高。3 种西南桦群落不同层次的多样性指数（H'、λ、J_{sw}）均表现为灌木层＞草本层＞乔木层，灌木层最高，乔木层最低；山地雨林则表现为灌木层＞乔木层＞草本层，灌木层最高，草本层最低。

乔木层物种组成，2 种西南桦人工林均为西南桦单层单种；西南桦天然林乔木层为单层 3 种（西南桦、浆果乌桕、伞花冬青），以西南桦占绝对优势；山地雨林乔木层为上、中、下 3 个层次共计 38 种，各层均以窄序崖豆树和山韶子占绝对优势。灌木层、草本层和藤本植物均以西南桦人工林Ⅰ物种组成最为丰富，分别为 61 种、29 种和 18 种；西南桦人工林Ⅱ分别为 33 种、16 种和 11 种，西南桦天然林分别为 30 种、12 种和 11 种，山地雨林分别为 33 种、16 种和 14 种。山地雨林的灌木层和草本层不发达，藤本植物发达，以大型木质藤本为主。3 种西南桦群落灌木层和草本层相对发达，藤本植物以木质藤本为主，灌木层组成均以山地雨林和季风常绿阔叶林乔木幼树为主，西南桦人工林Ⅰ草本层以中生耐阴与荫生的种类为主。西南桦人工林Ⅱ和西南桦天然林以阳性中生耐阴的种类为主。

西南桦人工林Ⅰ与山地雨林的物种相似性系数为 24.68%，明显高于其他 2 种西南桦群落；西南桦人工林Ⅱ与西南桦天然林相似性系数较高为 53.33%；西南桦人工林Ⅰ与西南桦人工林Ⅱ和西南桦天然林的物种相似性系数分别为 17.36%和 17.99%。

普文西南桦人工林植物区系组成均以热带分布成分为主，但具明显的热带北缘性质，具有热带亚洲植物区系向东亚植物区系的过渡区的特征。

普文 4 种类型群落均以高位芽植物为主，占 75%～80%，其中又以小高位芽植物占优势，占 31.33%～38.18%；叶级谱分布均以中型叶占绝对优势，占 65.06%～74.55%；叶型以单叶为主，占 78.90%～85.45%；光照生态类型谱以西南桦人工林Ⅰ和山地雨林较为接近，而西南桦人工林Ⅱ和西南桦天然林基本一致；水分生态类型谱均以中生植物占优势，占 56.67%～86.75%。

普文 4 种群落垂直结构可分为乔木层、灌木层、草本层及藤本植物 4 个层次。山地雨林的群落结构层次分化明显，尤其是乔木层上、中、下 3 个层次，灌木层和草本层不发达，藤本植物发达，以大型木质藤本为主。3 种西南桦群落结构层次分化相对简单，乔木层只有一层，为西南桦单优种；灌木层和草本层相对发达，藤本植物以木质藤本为主。灌木层组成均以山地雨林和季风常绿阔叶林乔木幼树为主，西南桦人工林 I 草本层以中生耐阴与荫生的种类为主。西南桦人工林 II 和西南桦天然林以阳性中生耐荫的种类为主。

第三章　西南桦人工林土壤理化性状比较

第一节　土壤化学性质特征

土壤化学性质变化主要是土壤养分的变化，土壤养分是林木生长发育所必需的物质基础，同时也是土壤因子中易于被控制和调节的因子。氮、磷、钾是植物生长必需的16种元素中需量最大的3种元素，这些元素含量的高低直接影响植物的生长发育。土壤水解氮、速效磷、速效钾都是植物可以直接吸收利用的养分，其含量的多少对植物生长起着重要作用，反映出土壤性质对植物的影响。同时，在自然土壤中，有机质是土壤各种营养元素的一个重要来源，能促进植物的生长发育，改善土壤的物理性质，促进微生物和土壤动物的活动，提高土壤的保肥性和缓冲性，并具有活化磷的作用。因此，土壤有机质、氮、磷、钾的总量及水解氮、速效磷、速效钾，是反映土壤肥力和土壤质量高低的重要指标（北京林业大学，2001；孙向阳，2006；熊毅和李庆逵，1987）。

一、土壤有机质含量

（一）表土层有机质含量比较

用 SPSS 对本研究 4 种群落的土壤有机质数据进行方差分析结果表明（表3.1）：山地雨林的有机质含量最高，含量达 37.10 g/kg；西南桦人工林Ⅰ的次之，为 30.28 g/kg；西南桦人工林Ⅱ和西南桦天然林的分别为 22.93 g/kg 和 14.70 g/kg。以山地雨林的有机质含量为基准，西南桦人工林Ⅰ、西南桦人工林Ⅱ和西南桦天然林的有机质含量分别降低了 18.38%、37.01%、60.38%，且存在显著性差异。西南桦人工林Ⅰ土壤表层有机质含量分别是西南桦人工林Ⅱ和西南桦天然林的 1.27 倍和 2.06 倍，差异显著。西南桦人工林Ⅱ表土层有机质含量比西南桦次生林高 1.36 倍，且在 0.01 水平上存在显著性差异。

4 种群落土壤表层（0～20 cm）有机质含量山地雨林最高，西南桦天然林最低，具体排序为山地雨林＞西南桦人工林Ⅰ＞西南桦人工林Ⅱ＞西南桦天然林（图3.1）。西南桦林群落土壤表层有机质含量与群落物种多样性呈现明显的正相关性，在人为干扰较小或近自然的人工林经营模式（西南桦人工林Ⅰ）可使西南桦人工林的营养物质不断积累。

表 3.1　不同群落类型土壤有机质方差分析　g/kg

层次	西南桦人工林 I	西南桦人工林 II	西南桦次生林	山地雨林
0～20 cm	30.28Bb	23.73Cc	14.70DEde	37.10Aa
20～40 cm	14.97DEde	13.30Ee	9.02Ff	17.34Dd
0～40 cm	22.62ABab	18.50Bb	11.86Cc	27.22Aa

注：不同字母表示差异显著，相同字母表示差异不显著；小写字母为 $P<0.05$，大写字母为 $P<0.01$。下同。

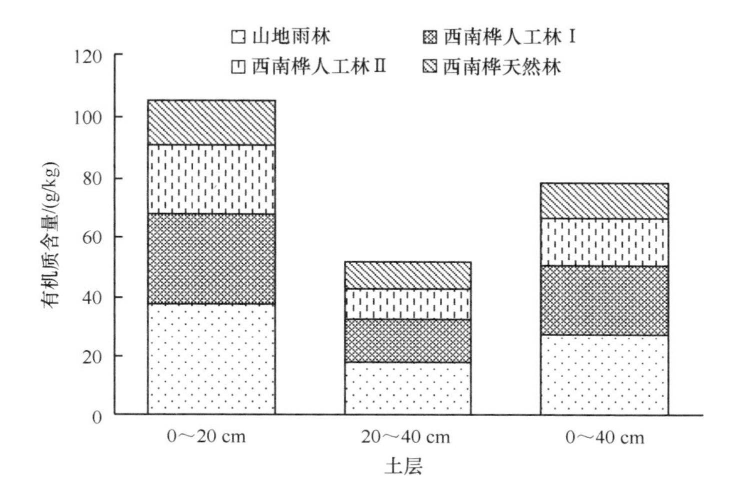

图 3.1　不同群落土壤有机质含量变化

枯枝落叶是土壤有机质的主要来源。山地雨林由于人为干扰最小，群落结构较为复杂，林下枯枝落叶和腐殖质层较厚，每年有大量养分归还土壤，对土壤有机质的积累和分解有显著影响，所以山地雨林的土壤有机质含量比其他几种利用类型高。同时，说明在湿润的森林植被下形成大量的有机质或腐殖质主要积聚于表层。西南桦旱季落叶，每年会产生大量的枯落物，其厚纸质的落叶，含养分较多，易分解，是西南桦人工林土壤有机质的主要来源之一。定植 3 年后，近自然森林经营的西南桦人工林 I 物种丰富度和多样性指数较高，林分内水湿条件较好，土壤的物质循环和养分累积较快，逐渐形成的森林环境已开始积累和补充土壤有机质。因而，其有机质含量显著高于西南桦人工林 II 和西南桦天然林。西南桦人工林 II 和西南桦天然林由于物种组成相对较少、结构简单，每年归还土壤的枯枝落叶数量相对较少，林分较西南桦人工林 I 干燥，影响了凋落物的有效分解，尤其是西南桦天然林受人为干扰较大，灌木层物种组成相对稀少，加之正值速生期西南桦种群对土壤有机质的消耗较大，导致土壤有机质含量较低。

（二）下土层有机质含量比较

4 种不同群落类型的下土层（20～40 cm）土壤有机质含量与表土层相比均在 0.01 水平上存在显著差异，呈现出随土层深度增加而递减的变化规律。山地雨林、西南桦人工林Ⅰ、西南桦人工林Ⅱ和西南桦天然林的下土层有机质含量较表土层分别降低了 53.25%、50.56%、43.97%、38.62%。其中，山地雨林的土壤有机质垂直分布差异最大，达 19.76 g/kg，西南桦天然林最小，仅为 5.68 g/kg。这一现象说明，山地雨林有机质矿化和生物循环速度较快，其次为西南桦人工林Ⅰ，再次为西南桦人工林Ⅱ，西南桦天然林有机质矿化和生物循环速度较慢。

下土层有机质含量与表土层含量呈正相关关系，主要取决于表土层有机质含量和淋溶作用的强弱。4 种群落土壤下土层有机质含量排序为山地雨林＞西南桦人工林Ⅰ＞西南桦人工林Ⅱ＞西南桦天然林，其变化规律与表土层一致。山地雨林最高，达 17.34 g/kg，表明山地雨林对土壤表层营养物质的积累作用最强。与山地雨林相比较，西南桦人工林Ⅰ下土层有机质含量与山地雨林差异不显著，而西南桦人工林Ⅱ和西南桦天然林均与山地雨林在 0.01 水平上存在显著性差异；3 种西南桦群落比较，西南桦人工林Ⅰ和西南桦人工林Ⅱ下土层有机质在 0.01 和 0.05 水平上无显著差异，但均显著高于西南桦天然林，西南桦天然林最低仅为 9.02 g/kg。

（三）0～40 cm 土层有机质平均含量比较

从 0～40 cm 土层有机质平均水平上看，山地雨林最高，达 27.22 g/kg，但与西南桦人工林Ⅰ处于同一水平，差异不显著；西南桦人工林Ⅰ与西南桦人工林Ⅱ处于同一水平，差异不显著；西南桦天然林 0～40 cm 土层有机质平均含量最低，为 11.86 g/kg，与山地雨林、西南桦人工林Ⅰ和西南桦人工林Ⅱ均存在显著性差异。

二、土壤氮含量

土壤氮素是植物生长发育所必需的营养元素之一。氮素供应充分不仅促进植物的生长发育也提高了植物对磷、钾和钙的吸收。土壤全氮量不但是衡量土壤氮素供应状况的重要指标，也是判断土壤肥力和土壤质量的重要指标。土壤水解氮是土壤中近期可被植物吸收利用的有效氮，其数量与土壤有机质含量有关，能较好反映出近期土壤氮素的供应状况（北京林业大学，2001；孙向阳，2006；熊毅和李庆逵，1987）。

（一）土壤全氮

1. 表土层全氮

4 种群落土壤表土层全氮含量呈现出与有机质相同的变化趋势（图 3.2），山地雨林＞西南桦人工林Ⅰ＞西南桦人工林Ⅱ＞西南桦天然林，并且全氮与有机质存在极显著正相关关系，相关系数为 0.887。其中，山地雨林表土层的全氮含量最高，达 2.10 g/kg。与山地雨林相比，西南桦人工林Ⅰ、西南桦人工林Ⅱ和西南桦天然林表土层全氮含量分别减少了 0.45 g/kg、0.73 g/kg 和 0.85 g/kg。用 SPSS 对 4 种群落表土层全氮含量进行方差分析（表 3.2），结果为山地雨林、西南桦人工林Ⅰ和西南桦人工林Ⅱ在 0.01 和 0.05 水平上均存在显著差异，不属于同一水平；西南桦天然林表土层的全氮含量最低，仅为 1.25 g/kg，与山地雨林和西南桦人工林Ⅰ在 0.01 和 0.05 水平上均存在显著差异，但与西南桦人工林Ⅱ差异不显著，处于同一水平。

西南桦人工林Ⅰ群落结构复杂，组成物种丰富，每年有大量枯枝落叶转化成养分归还土壤，土壤表层营养物质丰富；西南桦人工林Ⅱ群落结构相对西南桦人工林Ⅰ简单，表土层全氮含量相对较低；西南桦天然林在 3 种西南桦群落中结构最为简单、植被覆盖率低，导致其土壤表层全氮含量水平最低。

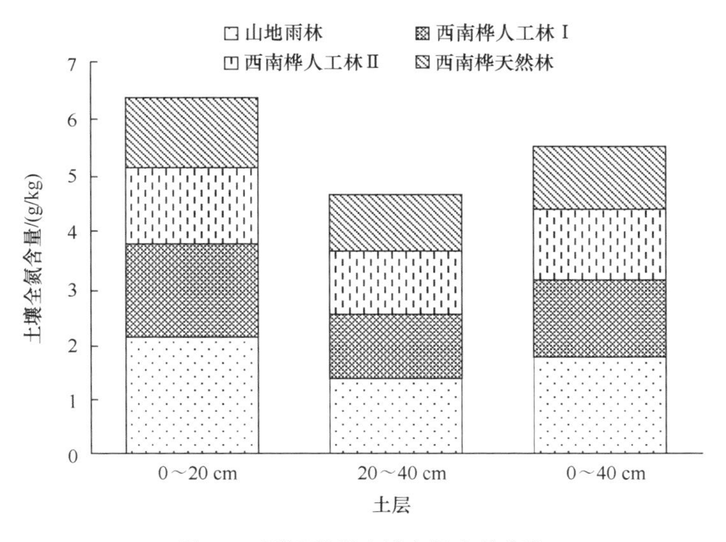

图 3.2　不同群落土壤全氮含量变化

表 3.2　不同群落类型土壤全氮含量方差分析　　g/kg

层次	山地雨林	西南桦人工林Ⅰ	西南桦人工林Ⅱ	西南桦天然林
0～20 cm	2.10Aa	1.65Cc	1.37Dd	1.25DEde
20～40 cm	1.35Dd	1.15EFe	1.12EFe	1.00Ff
0～40 cm	1.72Aa	1.40BCb	1.25CDc	1.13Dc

2. 下土层土壤全氮比较

4 种群落的下土层（20～40 cm）全氮含量与表土层相比，在 0.01 和 0.05 水平上均存在显著差异，呈现随土层深度增加而递减的变化规律。山地雨林、西南桦人工林Ⅰ、西南桦人工林Ⅱ和西南桦天然林的下土层全氮含量较表土层分别降低了 35.71%、30.30%、18.25%、20.00%，其中以山地雨林的土壤全氮垂直分布差异最大，达 0.75 g/kg，西南桦天然林最小，仅为 0.25 g/kg。

下土层全氮含量与表土层含量呈正相关关系。4 种群落土壤下土层全氮含量排序为山地雨林＞西南桦人工林Ⅰ＞西南桦人工林Ⅱ＞西南桦天然林，其变化规律与表土层一致，山地雨林最高，达 1.35 g/kg，表明山地雨林对土壤表层营养物质的积累作用最大。与山地雨林相比，西南桦人工林Ⅰ、西南桦人工林Ⅱ和西南桦天然林下土层全氮含量与山地雨林在 0.01 和 0.05 水平上均存在显著差异，但 3 种西南桦群落间下土层全氮含量无显著差异，以西南桦天然林最低，为 1.00 g/kg。表土层全氮含量西南桦人工林Ⅰ与西南桦人工林Ⅱ和西南桦天然林存在显著差异，说明西南桦人工林Ⅰ对氮素的消耗量较大，致使其下土层全氮含量与西南桦人工林Ⅱ和西南桦天然林差异不显著。

3. 0～40 cm 全氮平均含量比较

从 0～40 cm 土层全氮含量平均水平上看，山地雨林最高，达 1.72 g/kg，与西南桦人工林Ⅰ、西南桦人工林Ⅱ和西南桦天然林均存在极显著性差异；西南桦人工林Ⅰ与西南桦人工林Ⅱ全氮含量不存在显著性差异，但西南桦人工林Ⅰ与西南桦天然林存在极显著性差异；西南桦人工林Ⅱ与西南桦天然林差异不显著，以西南桦天然林最低，为 1.13 g/kg。

（二）土壤水解氮

1. 表土层土壤水解氮比较

4 种群落类型表土层水解氮呈现与有机质和全氮相同的变化趋势，并与有机质和全氮存在极显著正相关关系，相关系数分别为 0.830 和 0.775。山地雨林土壤表层的水解氮含量为 333.20 mg/kg，与之比较，西南桦人工林Ⅰ、西南桦人工林

Ⅱ和西南桦天然林土壤表层水解氮含量分别减少了 5.28%、29.75%、41.22%，4 种群落类型表土层水解氮含量排序为山地雨林>西南桦人工林Ⅰ>西南桦人工林Ⅱ>西南桦天然林（图 3.3）。在对这 4 种群落类型的土壤水解氮进行方差分析后发现（表 3.3），山地雨林表土层水解氮含量与西南桦人工林Ⅰ、西南桦人工林Ⅱ和西南桦天然林存在极显著性差异。西南桦人工林Ⅰ表土层水解氮含量与西南桦人工林Ⅱ和西南桦天然林均存在极显著性差异；西南桦人工林Ⅱ与西南桦天然林没有显著差异；西南桦天然林表土层水解氮含量最低，仅为 195.84 mg/kg，进一步说明西南桦天然林对土壤养分的积累作用最弱。

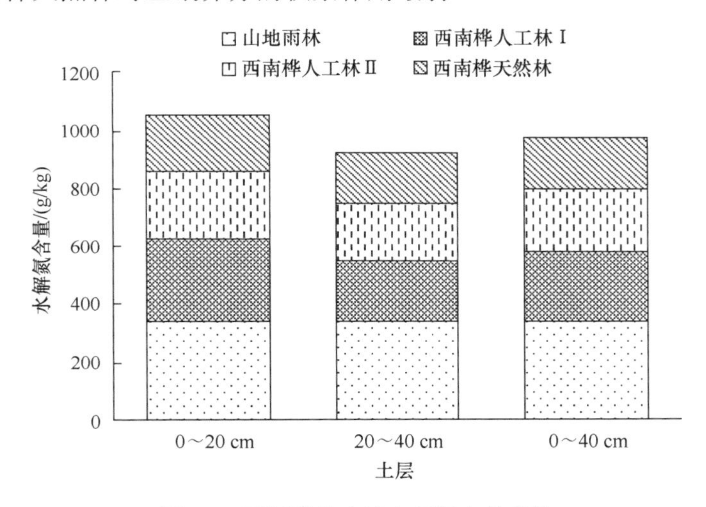

图 3.3　不同群落土壤水解氮含量变化

2. 下土层土壤水解氮比较

4 种群落的下土层（20～40 cm）水解氮含量与表土层相比，均呈现随土层深度增加而递减的变化规律。山地雨林、西南桦人工林Ⅰ、西南桦人工林Ⅱ和西南桦天然林的下土层全氮含量较表土层分别降低了 35.74%、27.17%、15.15%和 7.66%，其中以山地雨林的土壤有机质垂直分布差异最大，达 119.08 mg/kg，西南桦天然林最小，仅为 15 mg/kg。对这 4 种群落类型的下土层土壤水解氮进行方差分析，结果表明只有山地雨林和西南桦人工林Ⅰ下土层与表土层水解氮含量存在显著性差异，而西南桦人工林Ⅱ和西南桦天然林下土层和表土层水解氮含量差异不显著，说明山地雨林和西南桦人工林Ⅰ复杂的群落结构和多样性物种组成有效地抑制了水解氮的淋溶，使水解氮积累于土壤表层，导致表土层与下土层水解氮含量差异显著，而西南桦人工林Ⅱ和西南桦天然林生物拦截作用相对较差，水解氮淋失严重。

表 3.3　不同群落类型土壤水解氮含量方差分析　　g/kg

土层	山地雨林	西南桦人工林 I	西南桦人工林 II	西南桦天然林
0～20 cm	333.20Aa	287.22Bb	234.07Cc	195.84CDd
20～40 cm	214.12CDcd	209.18CDcd	198.61CDd	180.84Dd
0～40 cm	268.27Aa	243.87ABa	213.00Bb	186.17BCc

4 种群落土壤下土层水解氮含量排序为山地雨林＞西南桦人工林 I ＞西南桦人工林 II ＞西南桦天然林，其变化规律与表土层大体一致，山地雨林最高，达 214.12 mg/kg，表明山地雨林对土壤表层营养物质的积累作用最大。用 SPSS 对 4 种群落土壤下土层水解氮含量方差分析结果表明 4 种群落土壤下土层水解氮基本处于同一水平，在 0.01 和 0.05 水平上无显著性差异，这说明土壤下层水解氮含量受植被覆盖、群落结构组成和人为干扰等因素的影响不大，也说明各利用类型具有同源母质特性和一致的成土过程。

3. 0～40 cm 水解氮平均含量比较

从 0～40 cm 土层水解氮含量平均水平上看，山地雨林最高，达 268.27 mg/kg，与西南桦人工林 I 无显著性差异，但与西南桦人工林 II 和西南桦天然林存在极显著性差异；西南桦人工林 I 与西南桦人工林 II 和西南桦天然林在 0.05 水平上有差异，但在 0.01 水平上无显著差异；西南桦人工林 II 与西南桦天然林在 0.05 水平上有差异，但在 0.01 水平上无显著差异，西南桦天然林最低，为 186.17 mg/kg。

三、土壤磷含量

磷是植物细胞核的重要成分，它对细胞分裂和植物各器官组织的分化发育特别是开花结实具有重要作用，是植物体内生理代谢活动必不可少的重要元素。在植物体内，磷素主要集中在植物的种子中。一般当全磷量低于 0.08%～0.10%以下时，土壤常出现磷素供应不足。土壤速效磷是植物可以直接吸收利用的养分，其含量是衡量土壤磷素供应状况的较好指示，它在土壤诊断与施肥方面具有重要意义（北京林业大学，2001；孙向阳，2006；熊毅和李庆逵，1987）。

（一）土壤全磷

1. 表土层全磷比较

4 种群落类型表土层全磷含量呈现出与有机质和氮含量一致的变化趋势，即山地雨林＞西南桦人工林 I ＞西南桦人工林 II ＞西南桦天然林（图 3.4），并与有机质存在极显著正相关关系，相关系数达到了 0.876。用 SPSS 对 4 种群落类型表土层全磷含量进行方差分析（表 3.4），其结果为：山地雨林与西南桦人工林Ⅰ、西南桦人工林Ⅱ和西南桦天然林 3 种群落类型间均在 0.01 和 0.05 水平上存在显著差异；西南桦人工林Ⅰ和西南桦人工林Ⅱ在 0.01 和 0.05 水平上均无显著差异，但与西南桦天然林无论是在 0.01 还是在 0.05 水平上均存在显著差异。研究结果表明：西南桦人工林Ⅰ和西南桦人工林Ⅱ对土壤表层全磷含量的积累作用处在同一个水平上；4 种群落类型对表土层全磷的积累作用从大到小依次是山地雨林＞西南桦人工林Ⅰ＞西南桦人工林Ⅱ＞西南桦天然林，以山地雨林最高，达 51.75 mg/kg；西南桦天然林最低，仅为 33.35 mg/kg。

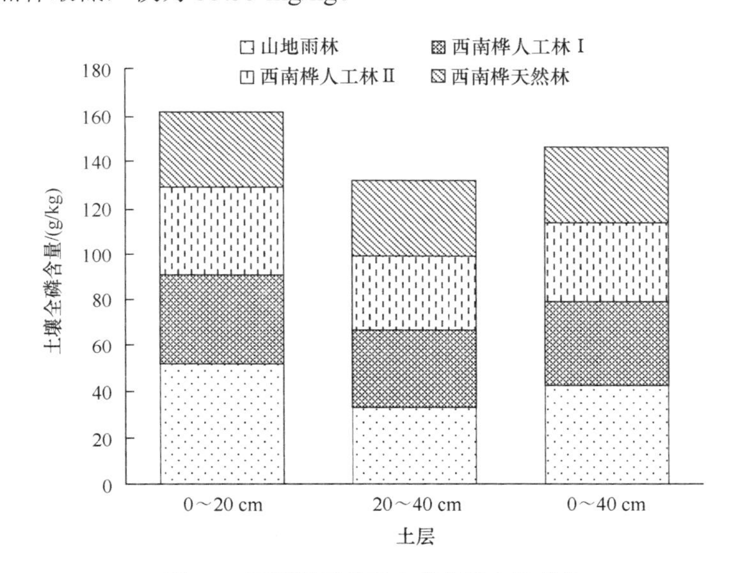

图 3.4　不同群落类型土壤全磷含量变化

表 3.4　不同群落类型土壤全磷含量方差分析　mg/kg

土层	山地雨林	西南桦人工林Ⅰ	西南桦人工林Ⅱ	西南桦天然林
0～20 cm	51.75Aa	38.67Cc	37.66Cc	33.35Dd
20～40 cm	32.79Dd	33.93Dd	32.16Dd	32.32Dd
0～40 cm	42.27Aa	36.30BCb	34.91BCb	32.84Cb

2. 下土层全磷比较

4 种群落类型下土层全磷含量均小于表土层，呈现与土壤有机质一致的变化趋势，山地雨林、西南桦人工林Ⅰ、西南桦人工林Ⅱ以及西南桦天然林的土壤全磷含量下土层比表土层分别低 36.64%、12.26%、14.60%、3.09%。从变化幅度看，山地雨林的土壤全磷表土层与下土层含量差异幅度最大，达 18.96 mg/kg；西南桦人工林Ⅰ和西南桦人工林Ⅱ土壤全磷含量上下层差异幅度相差不大，为 4.74～5.5 mg/kg；13 年生西南桦天然林的衰减幅度最小，为 1.03 mg/kg。通过 SPSS 对 4 种群落类型表土层和下土层全磷含量进行方差分析，结果显示除西南桦天然林表土层和下土层全磷含量无显著差异外，山地雨林、西南桦人工林Ⅰ和西南桦人工林Ⅱ均存在显著性差异（表 3.4）。

用 SPSS 对 4 种群落类型的下土层全磷含量的研究结果表明，4 种群落类型下土层全磷含量无显著差异，含量范围在 32.03～33.93 mg/kg（表 3.4），说明表层生物作用和人为干扰等因素对不同经营模式的西南桦群落土壤下层全磷含量影响不大，也说明各群落类型的土壤由相同的母质经过一致的成土过程发育而成。

3. 0～40 cm 全磷平均含量比较

从 0～40 cm 土层全磷含量平均水平上看，山地雨林最高，达 42.27 mg/kg，与西南桦人工林Ⅰ、西南桦人工林Ⅱ和西南桦天然林之间差异极显著，西南桦人工林Ⅰ、西南桦人工林Ⅱ和西南桦天然林之间无显著差异，以西南桦天然林最低，为 32.84 mg/kg。

（二）土壤速效磷

1. 表土层速效磷含量比较

4 种群落类型表土层速效磷含量变化规律与有机质不一致（图 3.5），具体为山地雨林＞西南桦天然林＞西南桦人工林Ⅰ＞西南桦人工林Ⅱ，西南桦天然林速效磷含量高于西南桦人工林，山地雨林土壤表层速效磷含量最高，为 1.63 mg/kg，西南桦天然林、西南桦人工林Ⅰ和西南桦人工林Ⅱ土壤表层速效磷含量分别是山地雨林的 46.63%、39.88%和 31.90%。用 SPSS 对 4 种群落类型表土层速效磷含量进行方差分析（表 3.5），结果表明山地雨林均与 3 种群落类型间存在极显著差异，3 种西南桦群落类型之间无显著性差异。研究结果表明山地雨林对土壤表层速效磷的调节作用明显大于 3 种西南桦群落类型，而 3 种西南桦群落对土壤表层速效磷的调节作用处于同一水平，但由于植被覆盖、群落组成、人为干扰程度等方面的不同，相互间也存在一定差异。

2. 下土层速效磷含量比较

由表 3.5 可知，4 种群落类型下土层速效磷含量均小于表土层，呈现与土壤有机质一致的变化趋势，山地雨林、西南桦人工林Ⅰ、西南桦人工林Ⅱ以及西南桦天然林的土壤速效磷含量下土层比表土层分别低 69.33%、29.23%、36.54%、

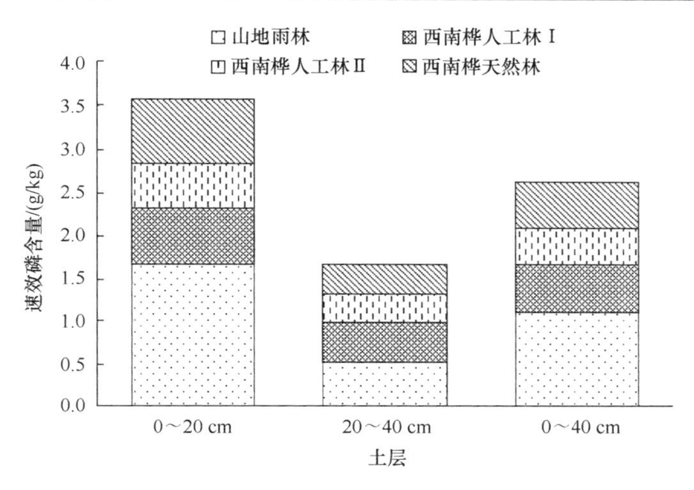

图 3.5 不同群落类型磷含量变化

55.26%。从变化幅度看，山地雨林的土壤速效磷表土层与下土层含量差异幅度最大，达 1.13 mg/kg；其次是西南桦天然林，为 0.42 mg/kg；西南桦人工林Ⅰ和西南桦人工林Ⅱ土壤速效磷含量上下土层变幅较小，均为 0.19 mg/kg。通过 SPSS 对 4 种群落类型表土层和下土层速效磷含量进行方差分析（表 3.5），结果显示山地雨林和西南桦天然林表土层和下土层速效磷含量存在极显著性差异，而西南桦人工林Ⅰ和西南桦人工林Ⅱ无显著性差异。

表 3.5 不同群落类型土壤速效磷含量方差分析 mg/kg

土层	山地雨林	西南桦人工林Ⅰ	西南桦人工林Ⅱ	西南桦天然林
0～20 cm	1.63Aa	0.65BCbc	0.52BCbc	0.76Bb
20～40 cm	0.50BCbc	0.46BCbc	0.33Cc	0.34Cc
0～40 cm	1.07Aa	0.56Bb	0.42Bb	0.55Bb

用 SPSS 对 4 种群落类型的下土层全磷含量的研究结果（表 3.5）表明 4 种群落类型下土层速效磷含量无显著性差异，含量范围为 0.33～0.50 mg/kg。

3. 0～40 cm 速效磷平均含量比较

从 0～40 cm 土层速效磷含量平均水平上看，山地雨林最高，达 1.07 mg/kg，与西南桦人工林Ⅰ、西南桦人工林Ⅱ和西南桦次生林之间均存在极显著差异；西南桦人工林Ⅰ、西南桦人工林Ⅱ和西南桦天然林之间无显著差异。以西南桦人工林Ⅱ最低，为 0.42 mg/kg。

四、土壤速效钾含量

钾素不但能调节或催化植物对二氧化碳的同化过程，促进碳水化合物转移、蛋白质合成和细胞分裂，还能增强植物的抗病力，提高植物的抗旱性和抗寒性。土壤速效钾也是植物可以直接吸收利用的养分，其含量的大小对植物生长起着重要作用，反映了土壤钾素的现时供应能力，是反映近期土壤钾素供应状况的一个重要指标（北京林业大学，2001；孙向阳，2006；熊毅和李庆逵，1987）。

（一）表土层速效钾含量比较

4 种群落类型表土层速效钾含量呈现西南桦人工林Ⅰ＞西南桦人工林Ⅱ＞山地雨林＞西南桦天然林的变化趋势（图 3.6），与表土层其他土壤养分指标的含量趋势不一致。由图 3.6 可知：山地雨林的土壤表层速效钾含量处于中间水平，并不像其他养分指标那样处于最高水平；西南桦人工林Ⅰ和西南桦人工林Ⅱ的土壤表层速效钾含量分别比山地雨林增加了 75.13 mg/kg 和 49.52 mg/kg；西南桦天然林的土壤表层速效钾含量则较山地雨林含量减少 8.98 mg/kg。采用 SPSS 对 4 种群落类型表土层速效钾含量进行方差分析（表 3.6）结果表明：除西南桦人工林Ⅰ与山地雨林和西南桦天然林之间存在显著性差异外，西南桦人工林Ⅰ和西南桦人工林Ⅱ、山地雨林和西南桦天然林、西南桦人工林Ⅱ和山地雨林均不存在显著性差异。西南桦人工林速效钾含量高于山地雨林，与山地雨林树种开花结果要消耗更多的钾有关。

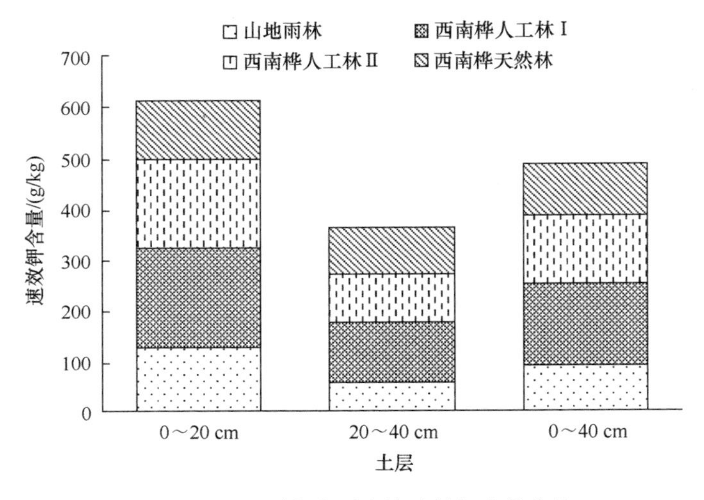

图 3.6　不同群落类型土壤速效钾含量变化

（二）下土层速效钾含量比较

由表 3.6 可知，4 种群落类型下土层速效钾含量均小于表土层，呈现与土壤有机质一致的变化趋势，山地雨林、西南桦人工林Ⅰ、西南桦人工林Ⅱ以及西南桦天然林的土壤速效钾含量下土层比表土层分别低 56.08%、39.47%、45.14%、19.89%。从变化幅度看，山地雨林表土层速效钾与下土层含量相差 69.58 mg/kg；西南桦人工林Ⅰ、西南桦人工林Ⅱ和西南桦天然林土壤全磷含量上下层分别相差 78.63 mg/kg、78.37 mg/kg 和 22.89 mg/kg。除西南桦天然林表土层和下土层速效钾含量无显著差异外，山地雨林、西南桦人工林Ⅰ和西南桦人工林Ⅱ在 0.01 和 0.05 水平上均存在显著差异。除西南桦人工林Ⅰ与山地雨林存在显著性差异外，山地雨林、西南桦人工林Ⅱ和西南桦天然林之间均无显著性差异。

表 3.6 不同群落类型土壤速效钾含量方差分析 mg/kg

土层	山地雨林	西南桦人工林Ⅰ	西南桦人工林Ⅱ	西南桦天然林
0～20 cm	124.08BCb	199.21Aa	173.60ABa	115.10BCDb
20～40 cm	54.50Dc	120.58BCDb	95.23CDbc	92.21CDbc
0～40 cm	89.29Bb	159.89Aa	134.41ABab	103.65ABb

（三）0～40 cm 速效钾平均含量比较

从 0～40 cm 土层速效钾含量平均水平上看，西南桦人工林Ⅰ最高，达 159.89 mg/kg，与山地雨林均存在极显著差异，而与西南桦人工林Ⅱ和西南桦天然林无显著性差异；山地雨林、西南桦人工林Ⅱ和西南桦天然林之间无显著性差异，山地雨林最低，为 89.29 mg/kg，说明山地雨林对速效钾的消耗量明显高于 3 种西南桦群落。

五、土壤养分相关分析

对各群落类型的土壤养分指标进行相关性分析，结果见表 3.7～表 3.10。山地雨林土壤养分的相关性比较好，都呈极显著相关，相关系数均在 0.7 以上；西南桦人工林Ⅰ的土壤养分之间的相关性除速效磷与其他养分之间的相关性稍差外，其余土壤养分之间的相关系数也在 0.5 以上；西南桦人工林Ⅱ只有土壤有机质和全氮分别与其余养分之间存在显著性相关，速效磷和速效钾分别与水解氮和全磷之间以及速效磷与速效钾之间都无显著相关关系；西南桦天然林的土壤养分只有有机质与其他养分之间呈显著相关，其余指标之间虽然有部分显著相关，但多数养分之间都不显著相关，甚至全磷与水解氮之间出现了负相关关系。

总体而言，山地雨林土壤养分之间的相关性最好，土壤养分之间具有相同的变化趋势；与山地雨林相比较，西南桦人工林Ⅰ除速效磷外，其他土壤养分之间具有相同的变化趋势；西南桦人工林Ⅱ的土壤养分之间的相关性比西南桦人工林Ⅰ差，各土壤养分之间的变化趋势除有机质和全氮仍保持一致外，其余养分含量的变化趋势均不相同；西南桦天然林土壤养分之间的相关性最差，土壤养分之间的变化趋势不但不一致，甚至出现了全磷与水解氮之间的负相关关系。通过分别对 4 种群落的土壤养分之间进行的相关性分析结果证实了随着群落演替进展以及人为干扰程度的减少，各养分含量及其相关性都随之增强。

表 3.7　山地雨林土壤养分之间相关性分析

养分相关性		有机质	全氮	水解氮	全磷	速效磷	速效钾
有机质	相关系数	1.000	0.966**	0.870**	0.895**	0.954**	0.870**
	显著性 *P* 值		0.000	0.000	0.000	0.000	0.000
全氮	相关系数		1.000	0.854**	0.948**	0.936**	0.783**
	显著性 *P* 值			0.000	0.000	0.000	0.000
水解氮	相关系数			1.000	0.794**	0.897**	0.791**
	显著性 *P* 值				0.000	0.000	0.000
全磷	相关系数				1.000	0.846**	0.670**
	显著性 *P* 值					0.000	0.005
速效磷	相关系数					1.000	0.796**
	显著性 *P* 值						0.000
速效钾	相关系数						1.000
	显著性 *P* 值						

注：**表示极显著相关，$P<0.01$，*表示显著相关，$P<0.05$。下同。

表 3.8　西南桦人工林Ⅰ土壤养分之间相关性分析

养分相关性		有机质	全氮	水解氮	全磷	速效磷	速效钾
有机质	相关系数	1.000	0.822**	0.886**	0.804**	0.524*	0.510*
	显著性 *P* 值		0.000	0.000	0.000	0.037	0.044
全氮	相关系数		1.000	0.686**	0.796**	0.285	0.603*
	显著性 *P* 值			0.000	0.000	0.284	0.013
水解氮	相关系数			1.000	0.562*	0.581*	0.325
	显著性 *P* 值				0.024	0.018	0.220
全磷	相关系数				1.000	0.376	0.459
	显著性 *P* 值					0.151	0.073
速效磷	相关系数					1.000	0.068
	显著性 *P* 值						0.801
速效钾	相关系数						1.000
	显著性 *P* 值						

表 3.9　西南桦人工林Ⅱ土壤养分之间相关性分析

养分相关性		有机质	全氮	水解氮	全磷	速效磷	速效钾
有机质	相关系数	1.000	0.710**	0.525**	0.860**	0.361*	0.804**
	显著性 *P* 值		0.000	0.000	0.000	0.042	0.000
全氮	相关系数		1.000	0.485**	0.692**	0.522**	0.625**
	显著性 *P* 值			0.001	0.000	0.002	0.000
水解氮	相关系数			1.000	0.471**	0.242	0.540**
	显著性 *P* 值				0.007	0.181	0.001
全磷	相关系数				1.000	0.340	0.713**
	显著性 *P* 值					0.057	0.000
速效磷	相关系数					1.000	0.178
	显著性 *P* 值						0.330
速效钾	相关系数						1.000
	显著性 *P* 值						

表 3.10　西南桦天然林土壤养分之间相关性分析

养分相关性		有机质	全氮	水解氮	全磷	速效磷	速效钾
有机质	相关系数	1.000	0.700**	0.417*	0.548*	0.899**	0.622**
	显著性 *P* 值		0.000	0.043	0.028	0.000	0.010
全氮	相关系数		1.000	0.218	0.557*	0.696**	0.449
	显著性 *P* 值			0.307	0.025	0.003	0.081
水解氮	相关系数			1.000	−0.005	0.480	0.276
	显著性 *P* 值				0.984	0.060	0.300
全磷	相关系数				1.000	0.491	0.700**
	显著性 *P* 值					0.054	0.003
速效磷	相关系数					1.000	0.635**
	显著性 *P* 值						0.008
速效钾	相关系数						1.000
	显著性 *P* 值						

第二节　土壤物理性质特征

一、土 壤 孔 性

土壤由固体土粒和粒间孔隙组成，其中粒间孔隙储存水分和空气。所谓土壤孔性是指能够反映土壤孔隙总容积的大小，孔隙的搭配及孔隙在各土层中的分布状况等的综合特性。当土壤孔性良好时，土壤既能保蓄足够的水分供植物生长利用，也能保持良好的通气性以满足植物的呼吸作用（中国科学院南京土壤研究所，1978）。

对土壤孔性状况进行方差分析（表 3.11）发现 4 种群落的土壤容重、总孔隙度、毛管孔隙度、非毛管孔隙度在总体水平上差异显著。山地雨林的土壤容重、总孔隙度、非毛管孔隙度表土层（0～20 cm）与下土层（20～40 cm）间差异显著，毛管孔隙度上下层无显著差异。山地雨林表土层的土壤容重、总孔隙度、毛管孔隙和非毛管孔隙度与其他 3 种西南桦群落存在显著性差异，说明山地雨林表层生物作用对土壤孔性产生明显影响，显著改善了土壤的孔性状况，形成了利于植物生长发育的良好生态环境。西南桦人工林 I 的土壤表土层与下土层间容重和总孔隙度差异显著，毛管孔隙度和非毛管孔隙度的上下层间无显著性差异。西南桦人工林 II 土壤上下层的孔性状况无显著差异。2 种西南桦人工林孔性状况比较说明，随人工群落进展演替，群落结构复杂化和物种多样性的增加，土壤孔性状况呈逐渐变好改善的趋势。西南桦天然林的孔性变化和山地雨林一样，都是土壤容重、总孔隙度、非毛管孔隙度上下层差异显著，毛管孔隙度上下层无显著差异，但西南桦天然林的土壤容重比山地雨林大，孔隙度比山地雨林小。由于人为干扰严重导致土壤结构遭到破坏，改变了土壤质地，西南桦天然林逐渐演化成了现在的砂土质地，并非由于生物作用而得到改善。

表 3.11　不同群落类型的土壤孔性状况

群落类型	土层/cm	容重/（g/cm^3）	总孔隙度/%	毛管孔隙度/%	非毛管孔隙度/%
山地雨林	0～20	1.044Ee	60.154Aa	40.753Aa	18.943Aa
	20～40	1.289BCbc	51.351CDc	39.180ABabc	11.911CDe
西南桦人工林 I	0～20	1.235Cc	52.381Cc	37.631Bbc	14.248BCc
	20～40	1.357Aa	48.156Ed	37.150Bc	12.251BCDde
西南桦人工林 II	0～20	1.265BCbc	51.609CDc	37.384Bbc	14.478Bc
	20～40	1.278BCbc	51.117CDc	37.232Bc	13.928BCDcd
西南桦天然林	0～20	1.133Dd	57.233Bb	39.415ABab	17.208Ab
	20～40	1.312ABb	49.100DEd	37.700Bbc	11.692De
F 值		43.482**	38.412**	6.067**	26.175**
Sig.		2.318E-30	1.350E-29	6.208E-7	3.520E-23

4 种群落的下土层孔性状况差异不大，容重值在 1.278～1.357、总孔隙度值在 48.156～51.351、毛管孔隙度和非毛管孔隙度无显著差异，这说明 4 种群落的土壤具有同源母质特性和一致的成土过程。

（一）土壤容重

按照土壤容重和土壤松紧度的关系来看，土壤容重越小，表明土壤越疏松，结构性越好；反之，则表示土壤紧实而且缺乏团粒结构。4 种不同群落表土层土壤容重的排序为西南桦人工林Ⅱ＞西南桦人工林Ⅰ＞西南桦天然林＞山地雨林；下土层土壤容重的排序为西南桦人工林Ⅰ＞西南桦天然林＞山地雨林＞西南桦人工林Ⅱ（图 3.7）。4 种群落土壤容重均为下土层大于上土层，上层土壤孔隙多于下层土壤。上层土壤比下层更疏松，结构性也更好。

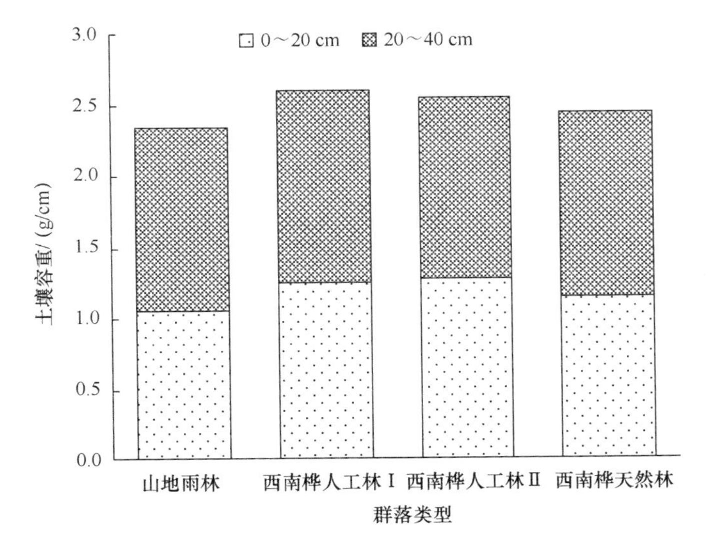

图 3.7　不同群落土壤容重变化

研究结果表明山地雨林土壤的上下层容重分别比其他 3 种西南桦群落的土壤上下层容重小，并且山地雨林土壤容重的垂直空间差异比其他模式的土壤上下层容重差异大，这不仅说明了山地雨林的土壤最疏松，结构性最好，也说明了表层生物作用对山地雨林土壤容重的改良作用较大；2 种西南桦人工林的土壤容重仅次于山地雨林，并且 2 种西南桦人工林相比，结果显示了土壤容重随着演替进展和多样性增加而减小的趋势；西南桦人工林Ⅱ和西南桦天然林的土壤容重则受土壤质地的影响而发生改变，黏土质地的西南桦人工林Ⅱ的土壤容重变大，而砂土质地的西南桦天然林的土壤容重变小。

（二）土壤孔隙度

从表土层总孔隙度、毛管孔隙度和非毛管孔隙度（图 3.8～图 3.10）来看，4

种群落表土层总孔隙度、毛管孔隙度和非毛管孔隙度的变化趋势均为山地雨林>西南桦天然林>西南桦人工林 I >西南桦人工林Ⅱ，这一变化趋势与表土层的容重变化趋势相反。

从 0～40 cm 的垂直空间变化规律来看，4 种不同群落土壤孔隙度垂直空间变化规律也与土壤容重相反，都是上层孔隙度大于下层孔隙度。4 种不同群落的土

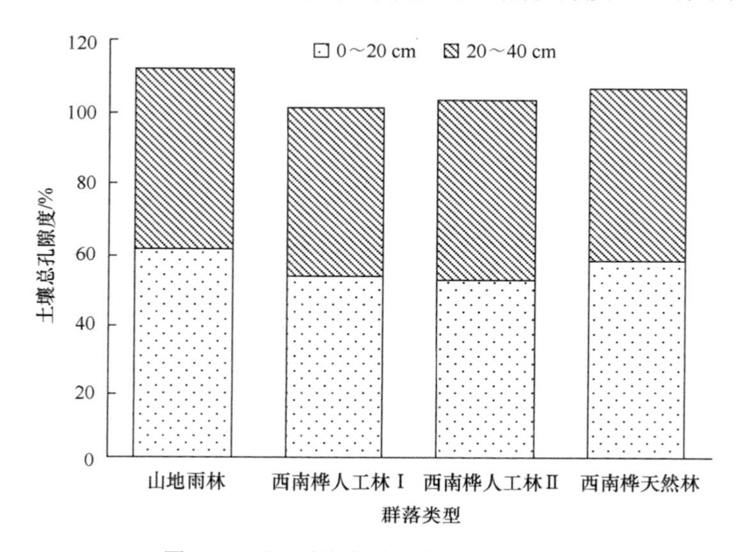

图 3.8　不同群落类型土壤总孔隙度变化

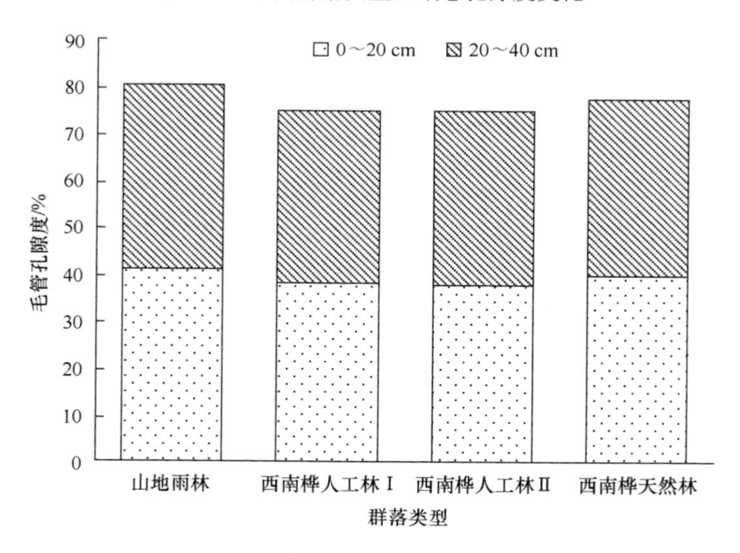

图 3.9　不同群落类型土壤毛管孔隙度变化

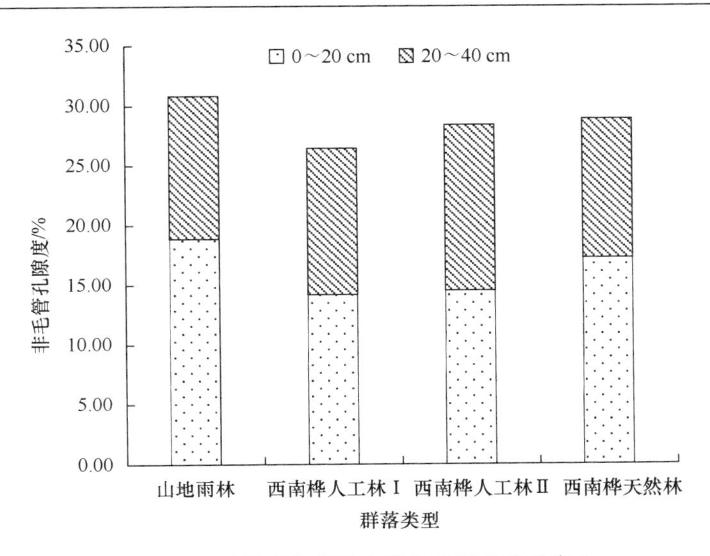

图 3.10　不同群落类型土壤非毛管孔隙度变化

壤毛管孔隙度除山地雨林表土层稍高外，其他 3 种西南桦群落的土壤毛管孔隙度上下层均无显著差异。研究结果表明山地雨林的土壤上下层总孔隙度和毛管孔隙度都分别比 3 种西南桦群落大，并且山地雨林土壤上下层总孔隙度和毛管孔隙度差异显著，说明山地雨林的土壤孔性状况最好，孔隙搭配合理，既保水也通气，而且土壤表层的生物对土壤孔性状况的改善作用明显。西南桦天然林土壤总孔隙度和非毛管孔隙度的垂直空间差异显著，其土壤孔隙度仅次于山地雨林，这是由于西南桦天然林受到土壤容重和土壤质地的影响，使土壤孔性状况发生改变导致的。西南桦人工林Ⅰ土壤总孔隙度和非毛管孔隙度的垂直空间差异显著，而西南桦人工林Ⅱ土壤孔隙度在垂直空间上的差异均不显著，2 种西南桦人工林土壤孔隙度相比较，则呈现出西南桦人工林的土壤孔性状况随着演替进展而逐渐得到改良的趋势。

二、土壤粒级

从不同类型群落土壤的砂粒（1～0.05 mm）、粗粉粒（0.05～0.01 mm）、细黏粒（＜0.001 mm）的方差分析结果（表 3.12），可以看出 4 种群落类型表土层（0～20 cm）和下土层（20～40 cm）砂粒含量存在极显著性差异。西南桦天然林表土层和下土层砂粒含量最高，分别为 46.999%和 45.428%；西南桦人工林Ⅱ最低，分别为 9.903%和 10.176%。表土层粗粉粒含量以山地雨林最高，达 31.06%，西南桦天然林最低，为 6.969%，西南桦人工林Ⅱ与山地雨林表土层粗粉粒含量差异不显著，但与西南桦人工林Ⅰ存在显著性差异。

下土层粗粉粒含量以山地雨林最高，达 33.845%；西南桦天然林最低，为 3.043%。山地雨林与其他 3 种西南桦群落之间下土层粗粉粒含量均存在显著性或极显著性差异，西南桦人工林Ⅰ与西南桦人工林Ⅱ和西南桦天然林之间存在极显著性差异，而西南桦人工林Ⅱ和西南桦天然林之间无显著性差异。表土层和下土层细黏粒含量以西南桦天然林最高，各为 45.111%和 44.974%，西南桦人工林Ⅰ最低，为 13.921%和 14.656%，4 种群落类型表土层和下土层细黏粒含量均存在显著性或极显著性差异。

表 3.12　不同群落类型的土壤粒级变化

群落类型	土层深度/cm	砂粒/%	粗粉粒/%	细黏粒/%
山地雨林	0～20	25.704Bb	31.067ABab	24.948Cd
	20～40	25.466Bb	33.845Aa	21.043Cd
西南桦人工林Ⅰ	0～20	17.526Cc	22.136BCcd	13.921De
	20～40	15.104CDc	24.759ABCbcd	14.656De
西南桦人工林Ⅱ	0～20	9.903Ed	27.724ABCabc	31.860Bc
	20～40	10.176Ed	7.429Ee	43.492Aa
西南桦天然林	0～20	46.999Aa	6.969Ee	45.111ABb
	20～40	45.428Aa	3.043Ee	44.974ABb
F 值		192.698**	29.245**	75.225**
Sig.		6.935E-29	2.005E-14	1.921E-21

各群落表土层和下土层之间，除西南桦人工林Ⅱ粗粉粒和细黏粒含量差异显著而砂粒无显著性差异外，其余 3 种群落上下层之间均无显著性差异。

从砂粒、粗粉粒和细黏粒所占的比例来看，西南桦人工林Ⅰ与山地雨林的粒级比例和结构比较接近，西南桦人工林Ⅱ的土壤细黏粒所占比例最大，砂粒比例最小，表明其土壤仍然黏重，土壤易板结。西南桦人工林Ⅰ和西南桦人工林Ⅱ相比，进一步证明了群落对土壤的恢复作用随着演替进展而逐渐增强。西南桦天然林的砂粒和细黏粒含量所占比例都较大，这是由于人为干扰严重使其土壤质地由破坏前的壤土变成现在的砂土导致的。

三、土壤团粒状况

对群落土壤团粒状况进行方差分析（表 3.13），结果发现 4 种群落类型的土壤干团粒（0.25～10 mm）和湿团粒（0.25～10 mm）的含量以及团粒水稳指数总体水平达极显著差异。

表 3.13　不同群落类型的土壤团粒状况

群落类型	土层深度/cm	干团粒/%	湿团粒/%	团粒水稳指数/%
山地雨林	0～20	87.007Dd	78.947ABCbcd	90.737ABa
	20～40	89.127Dcd	76.407BCcd	85.770ABab
西南桦人工林 I	0～20	87.413Dd	75.300BCcd	86.137ABab
	20～40	90.457CDc	68.873Dc	76.147BCbc
西南桦人工林 II	0～20	97.998Aa	85.040ABabc	86.802ABab
	20～40	98.734Aa	88.276ABab	89.402ABa
西南桦天然林	0～20	90.880CDc	54.213De	59.810Dd
	20～40	96.827ABa	68.807Cd	71.080DCc
F 值		35.199**	19.961**	11.810**
Sig.		1.096E-11	4.470E-9	7.411E-7

山地雨林和西南桦人工林 I 的团粒水稳指数上层大于下层，说明土壤表层生物作用对土壤团粒状况具有良好的改善作用。西南桦人工林 II 和西南桦天然林的生物作用不如山地雨林和西南桦人工林 I 强烈。山地雨林和 2 种西南桦人工林群落的团粒水稳指数都很高，说明这 3 种群落的土壤遇水不易被破坏；西南桦天然林的团粒水稳指数最低，说明其土壤极易遭水破坏，容易产生水土流失。

四、土壤微团粒状况

土壤的结构性还表现在土壤微团聚体（<0.25 m）、土壤团聚度、分散系数和结构系数。如果土壤微团聚体间联结紧密，会导致土壤孔隙少而边缘整齐，并且孔隙之间沟通较少，最终导致土壤肥力条件较差；土壤团聚度小或者分散系数高，表示土壤结构易分散、易被破坏；结构系数的高低表明土壤结构的好坏，高的结构系数值意味土壤有较好的结构，不易被破坏，有利于植物的生长发育。

从群落土壤微团粒状况的方差分析结果（表 3.14）来看，4 种群落的土壤微团聚体含量、团聚度、分散系数和结构系数在总体水平上差异极显著。山地雨林的微团聚体含量最少、团聚度较高、表层分散系数最小、结构系数也较高，说明山地雨林土壤微结构的水稳性能最好，具有较好的保水保肥能力。西南桦人工林 I 的微结构水稳性能和保水保肥能力仅次于山地雨林。西南桦人工林 I 和西南桦人工林 II 相比，西南桦人工林 II 的各方面能力都要次于西南桦人工林 I，这也证实了随着演替进展，土壤的结构性不断改善，从而促进土壤的保水保肥能力。西南桦天然林的土壤微团聚体含量较高、团聚度和结构系数最低、分散系数最高，这表明了其土壤微结构破坏严重，微结构的水稳性能变差。

表 3.14　不同群落类型的土壤微团粒状况

群落类型	土层	微团聚体/%	团聚度/%	分散系数/%	结构系数/%
山地雨林	0～20	22.743Fe	51.554Bb	30.684Ee	69.316Aa
	20～40	26.878EFde	37.656Ed	49.515BCDbc	50.485BCDcd
西南桦人工林 I	0～20	30.866DEcd	37.310Ed	54.757ABCab	45.243CDEde
	20～40	33.474DEc	49.326BCb	41.891Dd	58.109Bb
西南桦人工林 II	0～20	52.684Aa	41.224DEd	58.480Aa	41.520Ee
	20～40	51.811Aa	43.088CDEcd	57.678ABa	42.322DEe
西南桦天然林	0～20	45.164Bb	21.136Fe	59.215Aa	40.785Ee
	20～40	35.571CDc	21.098Fe	61.162Aa	38.838Ee
F 值		48.862 **	54.763 **	33.287 **	33.287 **
Sig.		3.715E-18	5.161E-19	2.417E-15	2.417E-15

五、土壤水分特征

对不同群落土壤水分特征进行方差分析（表 3.15），研究发现 4 种群落土壤水分特征（3 月）即鲜土水含量、饱和水、毛管水和吸湿系数在总体上达极显著差异。不同群落土壤表层水分特征具有不同的变化趋势，表层土壤鲜土水的变化趋势为西南桦人工林 II＞山地雨林＞西南桦人工林 I＞西南桦天然林；表层土壤饱和水和毛管水的变化趋势均为山地雨林＞西南桦天然林＞西南桦人工林 I＞西南桦人工林 II；上层土壤吸湿系数变化趋势为山地雨林＞西南桦人工林 I＞西南桦人工林 II＞西南桦天然林。山地雨林上下层鲜土水、毛管水无显著差异，而 2 种西南桦人工林土壤上下层鲜土水和毛管水差异显著。土壤饱和水除了西南桦人工林的上下层无显著差异外，其他群落的土壤饱和水上下层差异显著；山地雨林上下层吸湿系数差异显著，而 2 种西南桦人工林和西南桦天然林的土壤吸湿系数上下层无显著差异。

不同群落土壤上下层水分特征变化规律均为鲜土水＜毛管水＜饱和水，饱和水和毛管水含量的垂直空间变化与吸湿系数一样都是表土层大于下土层，这也符合土壤孔隙度的变化规律；除了西南桦人工林 II 外，其他 3 种群落土壤饱和水垂直空间差异最大，即全容水量差异最大；西南桦天然林的鲜土水含量和吸湿系数最低，但土壤饱和水和毛管水含量仅次于山地雨林。与山地雨林相比，3 种西南桦群落的土壤水分特征出现了不同程度的退化，尤其是土壤饱和水和毛管水的表层含量衰减程度最大，说明人为干扰对土壤表层水分特征的影响较大；西南桦人工林的土壤表层饱和水、毛管水和吸湿系数随着演替进展而逐渐增加，说明了在西南桦人工林的土壤表层水分特征随着群落结构的改善和物种丰富度的增加而逐渐得到恢复，也说明了生物作用对土壤表层水分特征具有改善作用；西南桦天然林由于其土壤分散系数大、团聚度小、土壤结构性差导致其鲜土水含量较低，但由于其孔隙度偏大所以饱和水和毛管水含量仅次于山地雨林。

表 3.15　不同群落类型土壤水分特征

群落类型	土层/cm	鲜土水/%	饱和水/%	毛管水/%	吸湿系数/%
山地雨林	0～20	16.906Cc	49.460Aa	38.573Aa	2.255Bb
	20～40	16.421Ccd	32.186CDEd	30.373Cc	1.407DEFdef
西南桦人工林 I	0～20	16.874Cc	41.669Bb	30.315Cc	1.804CDcd
	20～40	19.005Bb	31.575DEd	26.951Cd	1.665CDEcd
西南桦人工林 II	0～20	19.457Bb	41.245Bb	29.588Ccd	1.586CDEde
	20～40	22.139Aa	40.786Bb	28.990Ccd	1.499DEFde
西南桦天然林	0～20	13.111De	47.436Aa	34.974Bb	1.236EFef
	20～40	13.571De	35.425CDc	28.343Ccd	1.067Ff
F 值		76.068**	43.050 **	20.290 **	21.164**
Sig.		1.117E-44	3.325E-32	1.133E-20	3.274E-12

六、土壤物理指标相关性分析

利用 SPSS 对土壤物理性质的主要指标进行方差分析（表 3.16）结果表明容重分别与团聚度、微团聚体成极显著正相关；容重与总孔隙度、毛管孔隙度、非毛管孔隙度、饱和水、毛管水成极显著负相关，其中容重与总孔隙度的相关系数达到了–1.000，与饱和水和毛管水的相关系数分别为–0.892 和–0.891。

结果说明土壤容重受多方面因素影响，其中土壤容重与土壤孔性和土壤水分特征的影响较大，土壤容重越大，土壤孔隙越少，土壤含水量也越少。土壤团聚度分别与容重、微团聚体、结构系数成极显著正相关，而与总孔隙度、毛管孔隙度、非毛管孔隙度、分散系数、饱和水、毛管水成极显著负相关，其中土壤团聚度与结构系数、分散系数的相关系数分别达到 0.934 和–0.934，说明土壤团聚度也与多方面因素相互影响，土壤团聚度越大，土壤容重也越大、土壤微团聚体增多、土壤结构也越紧密、而土壤孔隙则减少，土壤越不容易分散。土壤总孔隙度与毛管孔隙度、非毛管孔隙度的相关性极显著，但毛管孔隙度与非毛管孔隙度之间成负显著相关，这 3 个土壤孔隙度指标均与土壤饱和水、毛管水成正显著相关。土壤吸湿系数和土壤团粒水稳指数受其他土壤物理性质的影响较小；土壤结构系数与分散系数成负相关关系，即土壤结构越好，土壤越不容易分散，反之，土壤分散系数越高则土壤的结构越差。研究结果表明 4 种不同群落的土壤物理性质总体差异较大，只有土壤容重、土壤孔隙度、土壤团聚度具有相同或相近的变化趋势。

表 3.16　不同群落土壤物理性质相关性分析

物理性状	相关性	容重	团聚度	微团聚体	吸湿系数	总孔隙度	毛管孔隙度	非毛管孔隙度	分散系数	结构系数	团粒水稳指数	饱和水	毛管水
容重	相关系数	1.000	0.620	0.503	–0.219	–1.000	–0.594	–0.526	–0.233	0.233	–0.046	–0.892	–0.891
	显著性 *P* 值		0.000	0.001	0.194	0.000	0.000	0.000	0.165	0.165	0.825	0.000	0.000
团聚度	相关系数		1.000	0.548	0.408	–0.660	–0.385	–0.570	–0.934	0.934	0.076	–0.544	–0.550
	显著性 *P* 值			0.000	0.093	0.000	0.010	0.000	0.000	0.000	0.751	0.000	0.000
微团聚体	相关系数			1.000	–0.385	–0.509	–0.387	–0.266	–0.541	0.541	–0.101	–0.419	–0.541
	显著性 *P* 值				0.114	0.001	0.009	0.107	0.020	0.020	0.672	0.009	0.000
吸湿系数	相关系数				1.000	0.306	0.331	–0.081	–0.391	0.391	0.083	0.178	0.286
	显著性 *P* 值					0.055	0.035	0.619	0.006	0.006	0.664	0.254	0.051
总孔隙度	相关系数					1.000	0.621	0.531	0.088	–0.088	–0.048	0.868	0.886
	显著性 *P* 值						0.000	0.000	0.588	0.588	0.808	0.000	0.000
毛管孔隙度	相关系数						1.000	–0.233	–0.070	0.070	–0.064	0.612	0.829
	显著性 *P* 值							0.014	0.663	0.663	0.741	0.000	0.000
非毛管孔隙度	相关系数							1.000	0.327	–0.327	–0.119	0.417	0.192
	显著性 *P* 值								0.040	0.040	0.554	0.000	0.036
分散系数	相关系数								1.000	–1.000	–0.138	–0.017	0.151
	显著性 *P* 值									0.000	0.467	0.913	0.309
结构系数	相关系数									1.000	0.138	0.017	–0.151
	显著性 *P* 值										0.467	0.913	0.309
团粒水稳指数	相关系数										1.000	0.052	0.085
	显著性 *P* 值											0.787	0.638
饱和水	相关系数											1.000	0.821
	显著性 *P* 值												0.000
毛管水	相关系数												1.000
	显著性 *P* 值												

第三节　土壤理化性质相关性综合分析

对不同群落的土壤物理和化学性质进行相关性分析（表 3.17），结果表明除土壤结构系数、分散系数和团粒水稳指数与土壤化学性质的相关性不显著以外，土壤容重、总孔隙度、毛管孔隙度、非毛管孔隙度、吸湿系数以及饱和水、毛管水与土壤化学性质的相关性较大。其中，土壤容重与土壤有机质、全氮、水解氮、全磷、速效磷成极显著负相关，说明土壤肥力状况越好，土壤容重越小；总孔隙度、毛管孔隙度、非毛管孔隙度、吸湿系数以及饱和水、毛管水则与土壤养分指标呈显著正相关，说明肥力状况好的土壤孔隙越多，也越疏松，其保水保肥能力也越高。

表 3.17　不同群落土壤理化性质相关性分析

土壤理化性状		有机质	全氮	水解氮	全磷	速效磷	速效钾
容重	相关系数	–0.497	–0.537	–0.446	–0.591	–0.648	–0.051
	显著性 P 值	0.000	0.000	0.000	0.000	0.000	0.678
团聚度	相关系数	0.462	0.174	0.351	0.218	–0.333	0.464
	显著性 P 值	0.001	0.236	0.014	0.208	0.051	0.005
微团聚体	相关系数	–0.211	–0.463	–0.236	–0.418	–0.540	0.181
	显著性 P 值	0.150	0.001	0.106	0.012	0.001	0.299
吸湿系数	相关系数	0.790	0.715	0.748	0.738	0.443	0.462
	显著性 P 值	0.000	0.000	0.000	0.000	0.002	0.001
总孔隙度	相关系数	0.499	0.536	0.409	0.599	0.614	0.041
	显著性 P 值	0.000	0.000	0.000	0.000	0.000	0.720
毛管孔隙度	相关系数	0.285	0.373	0.287	0.311	0.381	–0.020
	显著性 P 值	0.001	0.000	0.001	0.004	0.000	0.859
非毛管孔隙度	相关系数	0.277	0.215	0.189	0.399	0.413	0.062
	显著性 P 值	0.002	0.019	0.039	0.000	0.000	0.593
分散系数	相关系数	–0.168	–0.015	–0.090	–0.053	0.253	–0.191
	显著性 P 值	0.252	0.920	0.542	0.722	0.083	0.192
结构系数	相关系数	0.168	0.015	0.090	0.053	–0.253	0.191
	显著性 P 值	0.252	0.920	0.542	0.722	0.083	0.192
团粒水稳指数	相关系数	–0.097	0.064	0.041	0.085	0.035	–0.328
	显著性 P 值	0.584	0.720	0.818	0.643	0.850	0.067
饱和水	相关系数	0.397	0.371	0.328	0.496	0.481	0.211
	显著性 P 值	0.000	0.000	0.000	0.000	0.000	0.060
毛管水	相关系数	0.402	0.455	0.380	0.473	0.616	–0.049
	显著性 P 值	0.000	0.000	0.000	0.000	0.000	0.647

第四节　西南桦群落对土壤恢复程度的综合分析

为了定量描述研究区域退化土壤生态环境的恢复程度，运用土壤退化指数（soil degradation index）对退化土壤生态环境恢复加以评价（郭旭东等，2001；Adejuwon 和 Ekanade，1988）。土壤退化指数的计算以山地雨林为标准，由此计算 3 种西南桦群落的各个属性与基准类型相应属性间的差异；再将各个属性的差异求和平均，即得到各利用类型的土壤生态环境退化指数。

$$\mathrm{DI}=\frac{1}{n}\sum_{i=1}^{n}\frac{A_i-A_{i0}}{A_{i0}}$$

式中，DI 为土壤退化指数；A_{i0} 为基准群落类型第 i 个属性值；A_i 为其他群落类型第 i 个属性值；n 为所选择的土壤属性值。

土壤退化指数可以是正数也可以是负数，相对于基准群落类型而言，正数表示土壤没有退化，其质量还有所提高，数值越大，土壤质量越高；负数表示土壤环境退化，数值越大，其退化程度也越严重。一般而言，大部分土壤属性数值越大越好，但某些属性却正好相反，尤其是某些土壤物理特性。在 Lowery 等（1995）的研究中，越高的土壤容重表示退化越严重，其他物理特性如干团粒、微团粒、分散系数等也有类似的趋势，所以在土壤退化指数的具体计算中采用其差值的相反数。

通过土壤有机质、全氮、水解氮、全磷、速效磷、速效钾、容重、总孔隙度、毛管孔隙度、非毛管孔隙度、团聚度、分散系数、结构系数、吸湿系数和土壤团粒水稳指数这 15 个指标对土壤退化程度进行分析，结果（表 3.18）显示无论是土壤养分退化程度还是土壤物理特征退化程度的趋势都是西南桦人工林Ⅰ＜西南桦人工林Ⅱ＜西南桦天然林，这表明 3 种西南桦群落对土壤的恢复作用为西南桦人工林Ⅰ＞西南桦人工林Ⅱ＞西南桦天然林；西南桦人工林Ⅰ和西南桦人工林Ⅱ相比较，2 种西南桦人工林的退化指数随着演替进展而逐渐降低，表明了在近自然林状况下经营的西南桦人工林对土壤环境有着较好恢复作用，而且这种恢复作用随着演替进展逐渐增强；13 年生西南桦天然林的土壤退化指数最小，表明其退化最严重，也说明了 13 年生西南桦天然林这种利用类型对土壤的恢复作用最小。由

表 3.18　不同群落类型土壤退化指数

群落类型	土壤养分退化指数	土壤物理特征退化指数
山地雨林	0.0000	0.0000
西南桦人工林Ⅰ	−0.0466	−0.1690
西南桦人工林Ⅱ	−0.1795	−0.2171
西南桦天然林	−0.2950	−0.2533

以上分析可以看出，在近自然林状况下经营的西南桦人工林对土壤的恢复作用大于人为干扰较大的天然更新的西南桦天然林。

第五节　小　　结

4 种群落土壤表土层、下土层和 0～40 cm 土层有机质含量与全氮、水解氮、全磷含量变化趋势基本一致，排序均为山地雨林＞西南桦人工林Ⅰ＞西南桦人工林Ⅱ＞西南桦天然林，呈现随着群落物种的多样化和结构复杂化而不断富积的变化规律。

4 种群落类型表土层速效磷和速效钾含量变化规律与有机质、全氮、水解氮、全磷不一致。表土层速效磷含量表现为山地雨林＞西南桦天然林＞西南桦人工林Ⅰ＞西南桦人工林Ⅱ，西南桦天然林速效磷含量高于西南桦人工林；表土层速效钾含量则呈现出西南桦人工林Ⅰ＞西南桦人工林Ⅱ＞山地雨林＞西南桦天然林的变化趋势，西南桦人工林速效钾含量高于山地雨林。以上现象与山地雨林因开花结果以及西南桦人工林的快速生长对速效钾和速效磷消耗较大有关。

有机质与全氮、水解氮、全磷、速效磷、速效钾 5 个养分指标的相关性均达到极显著相关；除速效磷与速效钾的相关性不显著外，其他指标间的相关性也达到极显著相关水平。4 种群落土壤养分之间的相关性以山地雨林相关性最好，且都呈极显著相关，相关系数均在 0.7 以上。3 种西南桦群落以西南桦人工林Ⅰ土壤养分之间的相关性最好，除速效磷与其他养分之间的相关性稍差外（相关系数为 0.285～0.581），其他土壤养分之间的相关系数均在 0.5 以上。西南桦天然林土壤养分之间的相关性最差，只有有机质与其他养分之间呈显著相关，其他多数养分指标之间相关均不显著。

西南桦群落土壤容重、土壤孔性、土壤机械组成、土壤团聚体组成、土壤微团聚体组成、土壤水分特征等物理性状，随着演替进展逐步得以改善。4 种群落的土壤物理性质总体差异较大，只有土壤容重、土壤孔隙度、土壤团聚度具有相同或相近的变化趋势。

4 种群落土壤物理和化学性质相关性，除土壤结构系数、分散系数和团粒水稳指数与土壤化学性质的相关性不显著以外，土壤容重、总孔隙度、毛管孔隙度、非毛管孔隙度、吸湿系数以及饱和水、毛管水与土壤化学性质的相关性较大。

3 种西南桦群落 15 个土壤理化指标退化程度分析结果说明，土壤养分和物理特征退化程度的趋势均为西南桦人工林Ⅰ＜西南桦人工林Ⅱ＜西南桦天然林，2 种西南桦人工林相比，人工群落的退化指数随着演替进展而逐渐降低。西南桦天然林的土壤退化最严重，也说明了西南桦天然林对土壤的恢复作用最小。

第四章　西南桦人工林生物量、初级生产力和碳贮存能力比较研究

第一节　西南桦群落生物量

一、树木生物量模型

用乔木 D^2H 和 D 作为变量建立的山地雨林和 13 年生西南桦群落样木各器官和总生物量回归方程的相关系数都达到极显著水平（表 4.1）。由于山地雨林乔木层优势种多处于近成熟或成熟阶段，导致叶生物量与胸径和树高相关性不高，相关系数仅为 0.6268～0.6432，而处于幼林阶段的西南桦群落相关系数较高，达 0.9037～0.9058。尽管两种相对生长式均可用于计算乔木层的生物量，但在野外调查时，密林上层的乔木树顶很难观测到，其高度测定困难，利用方程 $W=aD^b$ 能够更有效地估计乔木生物量。

表 4.1　山地雨林和 13 年生西南桦群落树木生物量回归模型

胸径	器官	山地雨林		13 年生西南桦群落	
		回归方程	相关系数	回归方程	相关系数
$D\geqslant 5$ cm（n=37）	干	$W=0.1036D^{2.3306}$	$R^2=0.9733^{**}$	$W=0.15D^{2.1969}$	$R^2=0.9361^{**}$
	枝	$W=0.037D^{2.2709}$	$R^2=0.9216^{**}$	$W=0.0313D^{2.2118}$	$R^2=0.9394^{**}$
	叶	$W=0.0413D^{1.5981}$	$R^2=0.6432^{**}$	$W=0.0094D^{2.0184}$	$R^2=0.9058^{**}$
	根	$W=0.0311D^{2.3165}$	$R^2=0.9574^{**}$	$W=1.1289D^{0.9014}$	$R^2=0.9397^{**}$
	小计	$W=0.2026D^{2.2855}$	$R^2=0.9834^{**}$	$W=0.5179D^{1.8775}$	$R^2=0.9478^{**}$
	干	$W=0.0472(D^2H)^{0.897}$	$R^2=0.9831^{**}$	$W=0.0684(D^2H)^{0.8328}$	$R^2=0.9452^{**}$
	枝	$W=0.0195(D^2H)^{0.8599}$	$R^2=0.9009^{**}$	$W=0.016(D^2H)^{0.8214}$	$R^2=0.9104^{**}$
	叶	$W=0.0265(D^2H)^{0.6042}$	$R^2=0.6268^{**}$	$W=0.0047(D^2H)^{0.7606}$	$R^2=0.9037^{**}$
	根	$W=0.0159(D^2H)^{0.8795}$	$R^2=0.9408^{**}$	$W=0.8221(D^2H)^{0.341}$	$R^2=0.9448^{**}$
	小计	$W=0.0987(D^2H)^{0.8738}$	$R^2=0.98^{**}$	$W=0.2676(D^2H)^{0.71}$	$R^2=0.9524^{**}$

注：D 为胸径（cm）；H 为树高；D^b 为 30 cm 高处的直径。下同。

二、乔木层生物量

由表 4.2 可知，4 种群落以山地雨林乔木生物量最高，达 302.08 t/hm^2，分别

为西南桦人工林Ⅰ、西南桦人工林Ⅱ和西南桦天然林的 3.55 倍、5.44 倍和 3.30 倍，山地雨林乔木层共分 3 层，乔木种类多达 38 种，且多为大径级乔木，故乔木层生物量较高。3 种西南桦群落乔木层生物量排序为西南桦天然林＞西南桦人工林Ⅰ＞西南桦人工林Ⅱ，以西南桦天然林乔木层生物量为高，达 91.51 t/hm^2，西南桦人工林Ⅱ最低，为 55.57 t/hm^2。西南桦天然林乔木层由西南桦、浆果乌桕、伞花冬青 3 种组成，以西南桦占优势，乔木层平均树高 12.35 m，胸径 11.87 cm，乔木密度 650 株/hm^2，且样地中均有 4～5 株浆果乌桕，平均树高 19～25 m，胸径 20～24 cm，生物量积累较高，导致乔木层生物量较高；西南桦人工林Ⅰ由于是在山地雨林采伐迹地直接更新的人工林，土壤肥力较高，乔木层单优种西南桦生长较西南桦人工林Ⅱ高大，乔木层平均树高 12.28 m，胸径 11.78 cm，密度 550 株/hm^2，与初植密度 1665 株/hm^2 相比，西南桦保存率仅为 33.03%，西南桦人工林Ⅱ是在次生林基础上更新的，林分生长较西南桦人工林Ⅰ差，乔木层平均树高 9.37 m，胸径 8.89 cm，密度 350 株/hm^2，西南桦保存率仅为 21.02%，故生物量较西南桦人工林Ⅰ低。

表 4.2 不同群落乔木层生物量分配

群落类型	干		枝		叶		根		总计	
	生物量/（t/hm^2）	百分比/%	生物量/（t/hm^2）	百分比/%	生物量/（t/hm^2）	百分比/%	生物量/（t/hm^2）	百分比/%	生物量/（t/hm^2）	百分比/%
山地雨林	189.97	62.98	53.39	17.67	4.84	1.60	53.88	17.84	302.08	100
西南桦人工林Ⅰ	61.30	72.06	8.13	9.56	0.67	0.79	14.97	17.60	85.07	100
西南桦人工林Ⅱ	35.97	64.73	7.00	12.60	1.27	2.28	11.33	20.39	55.57	100
西南桦天然林	64.64	70.64	10.06	11.00	3.15	3.45	13.65	14.95	91.51	100

4 种群落乔木层生物量主要分配于树干，占 62.98%～72.06%；其次为根和枝，分别占 14.95%～20.39%和 9.56%～17.67%；叶的生物量仅占 0.79%～3.45%。4 种群落乔木层的生物量在器官的分配比例大小顺序为干＞根＞枝＞叶（图 4.1）。

4 种群落乔木层生物量分配，树干以西南桦人工林Ⅰ最高，占 72.06%，山地雨林最低，占 62.98%；树枝生物量以山地雨林最高，占 17.67%，西南桦人工林Ⅰ最低，占 9.56%；树叶生物量西南桦次生林最高，占 3.45%，西南桦人工林Ⅰ最低，占 0.79%；树根西南桦人工林Ⅱ最高 20.39%，西南桦天然林最低，占 14.95%。以上数据表明在山地雨林采伐迹地更新的西南桦人工林Ⅰ，乔木层生物量主要集中分布于树干，出材率高，是较为理想的速生用材林经营模式；山地雨林乔木层尽管生物量最大，由于树枝所占比例较大，树干生物量仅占 62.98%，出材率相对人工林低；西南桦人工林Ⅱ由于西南桦保存率较低，乔木层密度仅为 350 株/hm^2，较其他 3 种群落稀疏，光照充足，种内竞争相对较小，导致枝、叶、根生物量所占比例偏高。

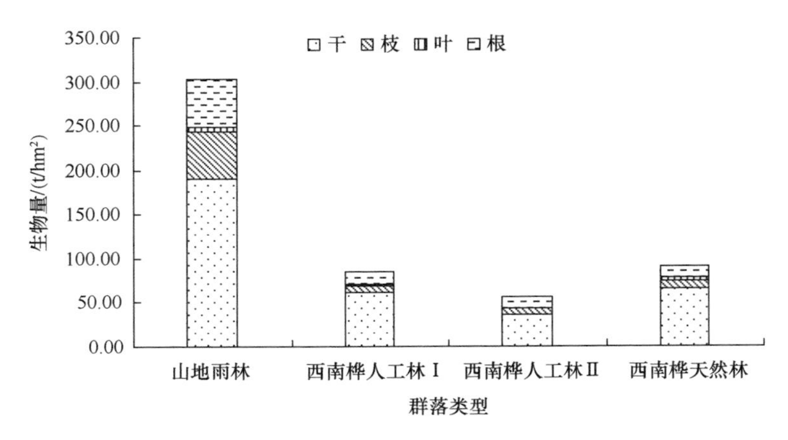

图 4.1　不同群落乔木层生物量器官分配

三、灌木层生物量

由表 4.3 可知，4 种群落灌木层生物量以西南桦人工林Ⅰ最高，达 7.84 t/hm^2，分别比山地雨林、西南桦人工林Ⅱ和西南桦天然林高 41.26%、121.47%、725.26%；其次为山地雨林，为 5.55 t/hm^2，分别比西南桦人工林Ⅱ和西南桦天然林高 56.78%和 484.21%，最低为西南桦天然林，仅为 0.95 t/hm^2，与西南桦人工林Ⅰ、山地雨林和西南桦人工林Ⅱ存在极显著差异。4 种群落灌木层生物量排序为西南桦人工林Ⅰ＞山地雨林＞西南桦人工林Ⅱ＞西南桦天然林。西南桦人工林Ⅰ灌木层组成最为丰富，达 61 种，较山地雨林、西南桦人工林Ⅱ、西南桦天然林多 30 种、29 种、32 种，以披针叶楠、小叶干花豆、短刺栲等山地雨林和季风常绿阔叶林乔木幼树为主，占灌木层物种总数的 71.13%，加之土壤肥力较西南桦人工林Ⅱ和西南桦天然林高，灌木层物种更新状况较好，高 2.5～4.0 m，盖度 80%以上，故生物量最高；西南桦次生林由于是在公路沿线次生林迹地上更新起来的林分，表土层破坏严重，人为干扰较大，灌木层以中平树为优势种，更新缓慢，长势较差且稀疏，高 1～2 m，盖度仅约 50%，导致生物量较低。以上数据进一步表明，在近自然经营模式管理下的西南桦人工林Ⅰ经过 10 余年的进展演替，群落结构不断优化，灌木层物种多样性逐步增加，生物量不断积累，群落的功能不断完善，生境条件得到快速改善和恢复。

由于灌木层种类较多，而同种的个体数量又少，故在野外很难按物种分别称重，只能按植物的不同器官合并称重。由表 4.3 和图 4.2 可知，4 种群落灌木层生物量主要集中于地上部分（干、枝、叶），占 52.61%～80.75%，以山地雨林所占比例最高，占 80.75%，其次为西南桦人工林Ⅱ，为 69.33%，西南桦天然林最低，占 52.61%；灌木层地下部分生物量（根）占 19.25%～47.39%，西南桦天然林所占比例最高，占 47.39%，其次为西南桦人工林Ⅰ，占 36.10%，山地雨林最低，占 19.25%。

表 4.3　不同群落灌木层生物量

群落类型	地上部分		地下部分		总计	
	生物量/（t/hm^2）	百分比/%	生物量/（t/hm^2）	百分比/%	生物量/（t/hm^2）	百分比/%
山地雨林	4.48	80.75	1.07	19.25	5.55	100
西南桦人工林Ⅰ	5.01	63.90	2.83	36.10	7.84	100
西南桦人工林Ⅱ	2.45	69.33	1.09	30.67	3.54	100
西南桦天然林	0.50	52.61	0.45	47.39	0.95	100

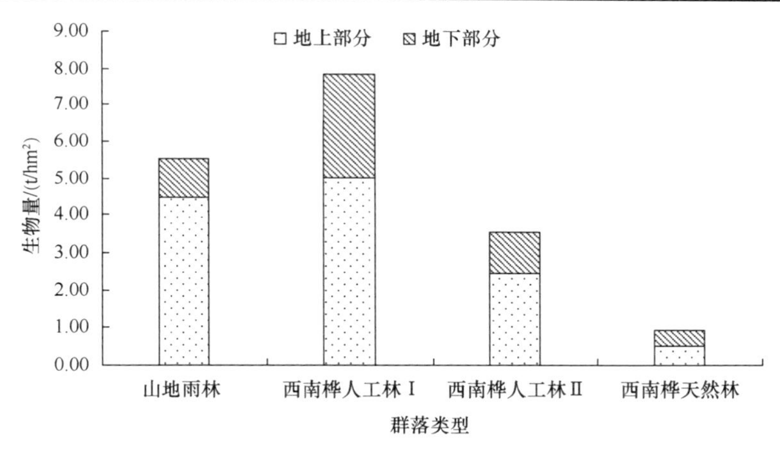

图 4.2　不同群落灌木层生物量分配

四、草本层生物量

由表 4.4 可知，4 种群落草本层生物量（包括藤本植物）以西南桦人工林Ⅱ最高，达 20.68 t/hm^2，显著高于其他 3 种群落，分别为山地雨林、西南桦次生林、西南桦人工林Ⅰ的 7.13 倍、5.21 倍和 2.65 倍；其次为西南桦人工林Ⅰ，为 7.79 t/hm^2，比山地雨林和西南桦次生林高 168.62%和 96.22%；最低为山地雨林，为 2.90 t/hm^2；4 种群落草本层生物量排序为西南桦人工林Ⅱ＞西南桦人工林Ⅰ＞西南桦天然林＞山地雨林。西南桦人工林Ⅱ乔木层西南桦密度在 4 种群落中最低，仅为 350 株/hm^2，为西南桦天然林的 53.85%和西南桦人工林Ⅰ的 63.64%，林分相对较为稀疏，林下光照较好，草本和藤本植物丰富且发达，共 24 种。草本植物以棕叶芦、类芦、滇姜花等大型阳性草本植物为主，高 1.5～3 m，草本层盖度达 20%～30%，藤本植物发达，以木质藤本为主，常见的有象鼻藤、甘葛、小花酸藤子、金刚藤、栽秧泡等。因此，比较而言，西南桦人工林Ⅱ草本层生物量最高。山地雨林和西南桦天然林乔木层郁闭度高，林下光照强度较弱，林下草本层不发达，种类不多，且个体数量也很有限，在林窗下或林缘处比较集中。山地雨林草本盖度仅 5%左右，以云南豆蔻和柊叶等阴生植物占优势，生物量最低。西南桦天然林草本层高 0.3～1.5 m，盖度 5%～10%，主要以紫茎泽兰、大芒萁、飞机草等为主，加之人为干扰较大，故生物量较低。4 种群落草本层生物量比较结果表明，群落草本层生物量随着演替进展，林分郁闭度增加，草本层生物量呈下降趋势。

表 4.4　不同群落草本层生物量分配

群落类型	地上部分		地下部分		总计	
	生物量/（t/hm^2）	百分比/%	生物量/（t/hm^2）	百分比/%	生物量/（t/hm^2）	百分比/%
山地雨林	2.02	69.66	0.88	30.34	2.90	100
西南桦人工林Ⅰ	3.70	47.50	4.09	52.50	7.79	100
西南桦人工林Ⅱ	7.76	37.52	12.92	62.47	20.68	100
西南桦天然林	1.87	47.10	2.10	52.90	3.97	100

由表 4.4 和图 4.3 可知，除山地雨林外，3 种西南桦群落草本层生物量主要集中于地下部分，占 52.50%～62.47%，以西南桦人工林Ⅱ所占比例最高，占 62.47%，西南桦天然林和西南桦人工林Ⅰ各占 52.90%和 52.50%。3 种西南桦群落地上部分生物量占 37.52%～47.50%，西南桦人工林Ⅰ所占比例最高，为 47.50%，西南桦人工林Ⅱ最低，为 37.52%。山地雨林草本层以木质藤本地上部分生物量为主，故生物量主要集中于地上部分，占 69.66%。

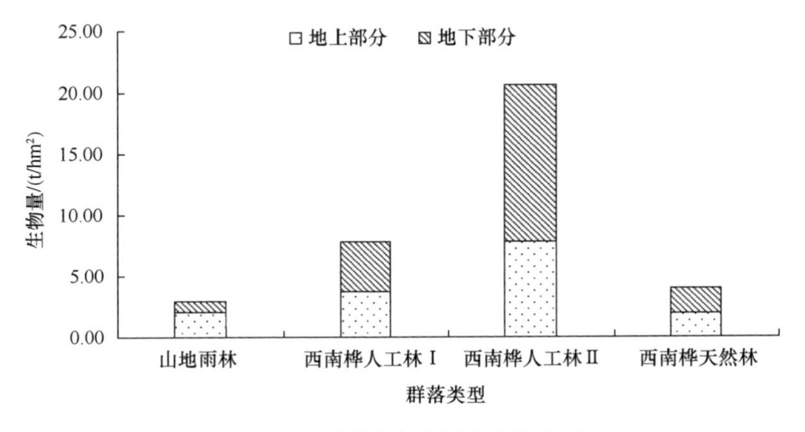

图 4.3　不同群落草本层生物量分配

五、凋落物量

森林凋落物是指森林生态系统内，由生物组分产生并归还到林地表面的有机物质的总称（曾峰等，2010），包括林内乔木和灌木的枯叶、枯枝、落皮和繁殖器官，野生动物的残骸及代谢产物，林下枯死的草本植物和枯死的树根等。从国内外文献资料看，森林凋落物研究主要集中在叶部分，很少涉及枯立木、倒木以及伐桩等成分（林波等，2004；郭剑芬等，2006；刘强等，2004）。

森林凋落物在维持森林生态系统功能，森林资源保护与利用，水土保持和涵养水源等方面具有重要作用（吴承祯等，2000）。凋落物影响森林的生物量和生产力，其种类、贮量和数量上的消长反映了森林生态系统间的差异和动态特征（李志安等，2004）。在陆地生态系统中，90%以上的地上部分净生产量通过凋落物的方式返回地表，是分解者物质和能量的主要来源（曾峰等，2010）。本研究的凋落物量是指木本植物地上部分凋落物的现存量，不包括草本植物的凋落物。

4 种群落凋落物量排序为西南桦人工林Ⅰ＞西南桦天然林＞山地雨林＞西南桦人工林Ⅱ，西南桦人工林Ⅰ凋落物量最高，达 7.61 t/hm^2，比山地雨林、西南桦人工林Ⅱ和西南桦天然林分别高 68.74%、98.69%和 25.79%；其次为西南桦天然林，为 6.05 t/hm^2，比山地雨林和西南桦人工林Ⅱ分别高 34.15%和 57.96%；最低为西南桦人工林Ⅱ，仅为 3.83 t/hm^2，显著低于其他 3 种群落。西南桦人工林Ⅰ为落叶树种西南桦单优群落，西南桦种群密度高于其他 3 种群落任一优势种，加之物种丰富度显著高其他 3 种群落，故年枯枝落叶量最高。西南桦人工林Ⅱ西南桦种群密度和活立木生物量最低，导致年枯枝落叶量显著低于其他 3 种群落。西南桦天然生林乔木树种西南桦密度较大，枯枝落叶量也较大，高于山地雨林和西南桦人工林Ⅱ。山地雨林活立木生物量最高，但均为常绿阔叶树种，属季节性换叶，故年枯枝落叶量较低。

由表 4.5 和图 4.4 可知，4 种群落枯枝落叶量以叶为主体，占 54.54%～68.59%，西南桦人工林Ⅰ落叶量最高，为 5.22 t/hm^2，占 68.59%；其次为西南桦天然林，为 4.02 t/hm^2，占 66.38%；西南桦人工林Ⅱ最低，为 2.3 t/hm^2，占 60.14%。落叶量排序为西南桦人工林Ⅰ＞西南桦天然林＞山地雨林＞西南桦人工林Ⅱ。枯枝生物量占 27.72%～39.86%，排序为西南桦人工林Ⅰ＞西南桦天然林＞西南桦人工林Ⅱ＞山地雨林，西南桦人工林Ⅰ最高，为 2.39 t/hm^2，占 27.72%，山地雨林最低，仅 1.25 t/hm^2，占 27.72%。西南桦群落尚未开花结果，仅山地雨林有落花、落果生物量，且落果生物量达 0.72 t/hm^2，占山地雨林凋落量的 15.96%。

表 4.5　不同群落凋落物量

群落类型	叶		枝		花		果		总计	
	生物量/（t/hm^2）	百分比/%	生物量/（t/hm^2）	百分比/%	生物量/（t/hm^2）	百分比/%	生物量/（t/hm^2）	百分比/%	生物量/（t/hm^2）	百分比/%
山地雨林	2.46	54.54	1.25	27.72	0.08	1.77	0.72	15.96	4.51	100
西南桦人工林Ⅰ	5.22	68.59	2.39	31.41	-	-	-	-	7.61	100
西南桦人工林Ⅱ	2.3	60.14	1.53	39.86	-	-	-	-	3.83	100
西南桦天然林	4.02	66.38	2.03	33.62	-	-	-	-	6.05	100

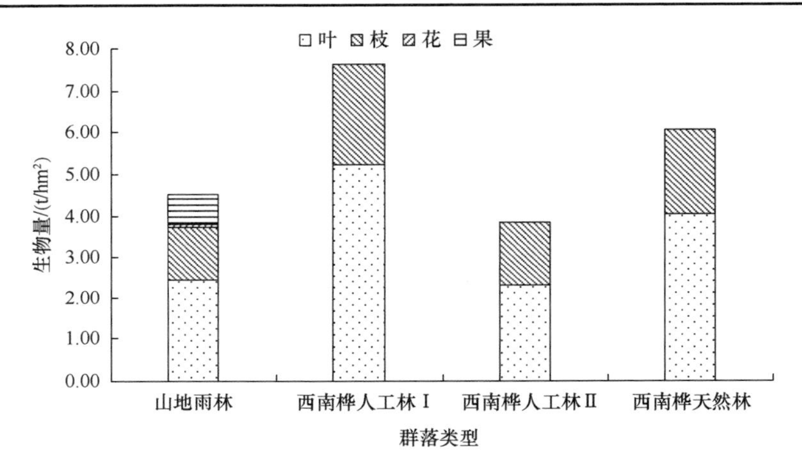

图 4.4　不同群落凋落物量分配

六、不同群落生物量及分配

（一）总生物量

群落总生物量包括活生物量（乔木层、灌木层和草本层生物量）和凋落物层。表 4.6 和图 4.5 显示，4 种群落生物量排序为山地雨林＞西南桦人工林Ⅰ＞西南桦天然林＞西南桦人工林Ⅱ。山地雨林生物量最高，达 315.04 t/hm^2，分别为西南桦人工林Ⅰ、西南桦人工林Ⅱ和西南桦天然林的 2.91 倍、3.77 倍和 3.07 倍；其次为西南桦人工林Ⅰ，为 108.31 t/hm^2，最低为西南桦人工林Ⅱ，为 83.62 t/hm^2。山地雨林群落结构层次分化明显，尤其是乔木层发育充分，可分为上、中、下 3 个层次，乔木上层（乔木Ⅰ层），层高 30～45 m，胸径达 60～100 cm；乔木中层（乔木Ⅱ层），是优势层次，层高 12～25 m，胸径 15～40 cm，盖度达 70%以上，树冠涵接，林冠郁闭；乔木下层（乔木Ⅲ层），层高 3～10 m，胸径 2.5～10 cm，盖度 30%。因此，山地雨林生物量主要集中于乔木层，且与 3 种处于演替初期的西南桦群落存在极显著性差异。在直接更新山地雨林采伐迹地西南桦人工林Ⅰ演替进展较快，群落物种组成极为丰富，达 109 种，分别为西南桦人工林Ⅱ和西南桦天然林的 1.82 倍和 1.99 倍，群落结构层次分化较西南桦人工林Ⅱ和西南桦天然林复杂，故生物量较西南桦人工林Ⅱ和西南桦天然林高。在次生林采伐迹地更新的西南桦人工林Ⅱ土壤肥力状况相对较差，西南桦保存率仅为 21.02%，林分稀疏，草本层发达且以棕叶芦等高大草本为主，乔木树种仅 20 种，不足西南桦人工林Ⅰ（45 种）的 1/2，比西南桦天然林（23 种）少 3 种，故生物量最低。以上数据说明，在前期土壤肥力消耗过大的次生林采伐迹地更新的西南桦人工林Ⅱ，抚育管理措施不能等同于西南桦人工林Ⅰ，在营造林初期必须加大提高西南桦保存率和土壤肥力的综合管理措施，以期达到快速恢复土壤肥力和植被的目标。

表 4.6 不同群落生物量

群落类型	活生物量						凋落物层		总计	
	乔木层		灌木层		草本层					
	生物量/（t/hm²）	百分比/%	生物量/（t/hm²）	百分比/%	生物量/（t/hm²）	百分比/%	生物量/（t/hm²）	百分比/%	生物量/（t/hm²）	百分比/%
山地雨林	302.08	95.89	5.55	1.76	2.90	0.92	4.51	1.43	315.04	100
西南桦人工林Ⅰ	85.07	78.54	7.84	7.24	7.79	7.19	7.61	7.03	108.31	100
西南桦人工林Ⅱ	55.57	66.46	3.54	4.23	20.68	24.73	3.83	4.58	83.62	100
西南桦天然林	91.51	89.30	0.95	0.93	3.97	3.87	6.05	5.90	102.48	100

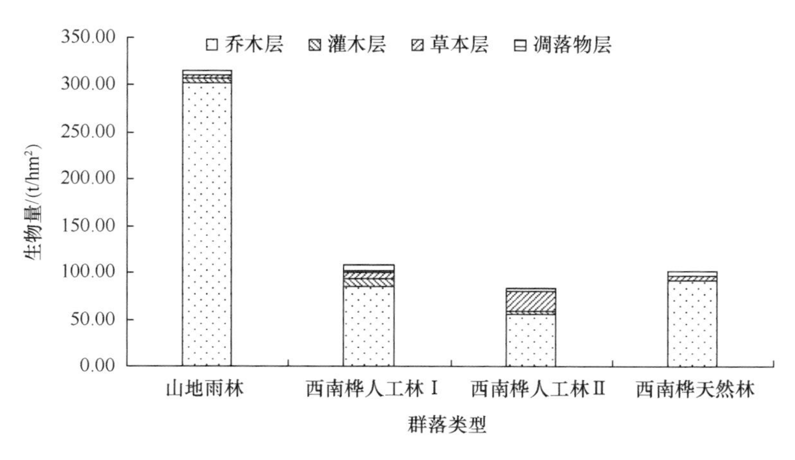

图 4.5 不同群落生物量层次分配

（二）地上部分与地下部分活生物量比较

由表 4.7 和图 4.6 可知，4 种群落生物量均集中于地上部分，占 69.93%～

84.19%，山地雨林生物量最高，为 259.21 t/hm^2，占 82.28%；其次为西南桦人工林Ⅰ，为 86.42 t/hm^2，占 79.79%；西南桦人工林Ⅱ最低，为 58.95 t/hm^2，占 69.93%。地上部分生物量大小排序为山地雨林＞西南桦人工林Ⅰ＞西南桦天然林＞西南桦人工林Ⅱ。

表 4.7　不同群落生物量地上、地下分配

群落类型	地上部分		地下部分		总计	
	生物量/（t/hm^2）	百分比/%	生物量/（t/hm^2）	百分比/%	生物量/（t/hm^2）	百分比/%
山地雨林	259.21	82.28	55.83	17.21	315.04	100
西南桦人工林Ⅰ	86.42	79.79	21.89	20.21	108.31	100
西南桦人工林Ⅱ	58.95	69.93	25.34	30.07	84.29	100
西南桦天然林	86.28	84.19	16.20	15.81	102.48	100

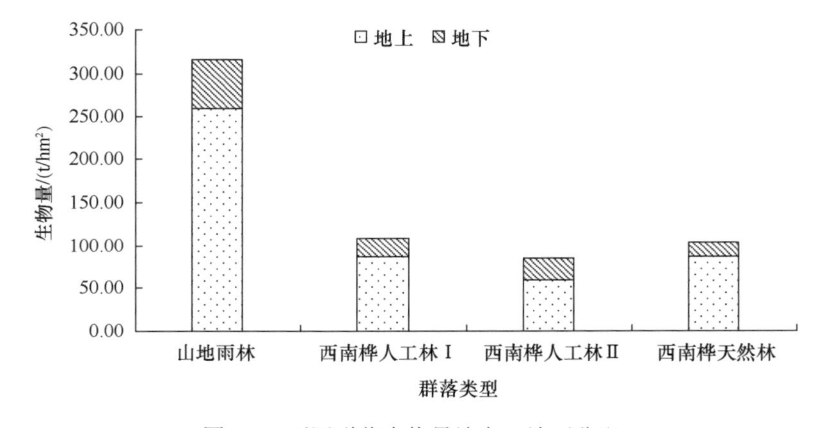

图 4.6　不同群落生物量地上、地下分配

4 种群落地下部分生物量占 15.81%～30.07%。山地雨林地下部分生物量最高，为 55.83 t/hm^2，占 17.21%；其次为西南桦人工林Ⅱ，为 25.34 t/hm^2，占 30.07%；最低为西南桦天然林，为 16.20 t/hm^2，占 15.81%。地下部分生物量排序为山地雨林＞西南桦人工林Ⅱ＞西南桦人工林Ⅰ＞西南桦天然林。

（三）不同层次活生物量比较

山地雨林各层次生物量排序为乔木层＞灌木层＞凋落物层＞草本层，乔木层最高，灌木层次之，草本层生物量最低。西南桦人工林Ⅰ排序为乔木层＞灌木层＞草本层＞凋落物层，凋落物层最低。西南桦人工林Ⅱ排序为乔木层＞草本层＞凋落物层＞灌木层，乔木层最高，草本层次之，灌木层生物量最低，西南桦人工林Ⅱ草本层有大量棕叶芦、类芦、滇姜花等大型阳性草本植物，导致生物量偏高。

西南桦次生林排序为乔木层＞凋落物层＞草本层＞灌木层，乔木层最高，灌木层生物量最低，西南桦次生林乔木层树种密度较大，导致灌木层生长受到抑制。

4 种群落生物量均主要集中于乔木层，占 66.73%～95.89%，乔木层以山地雨林最发达，占群落总生物量的 95.89%，西南桦人工林Ⅱ相对较低，占 66.73%，乔木层生物量排序为山地雨林＞西南桦天然林＞西南桦人工林Ⅰ＞西南桦人工林Ⅱ。

灌木层以西南桦人工林Ⅰ发育较好，主要以山地雨林和季风常绿阔叶林乔木幼树为主，常见的有披针叶楠、红梗润楠、短刺栲、刺栲、杯状栲、滇桂木莲、云树、高阿丁枫、南酸枣等，生物量为 7.84 t/hm^2，占 6.63%，西南桦人工林Ⅰ已呈现出向地带性群落山地雨林过渡的发展趋势；其次为西南桦人工林Ⅱ，占 4.20%，由于是次生林采伐迹地基础上进行的人工更新，土壤肥力消耗过大，地力恢复需要时间较长，西南桦人工林Ⅱ灌木层发育相对西南桦人工林Ⅰ缓慢；西南桦天然林最低，为 0.95 t/hm^2，这主要因为西南桦天然林地处公路沿线，乔木层树种西南桦、浆果乌桕、伞花冬青密度较大，650 株/hm^2，乔木层郁闭，加之林分人畜活动频繁，灌木层更新极为缓慢。按生物量所占比例排序为西南桦人工林Ⅰ＞西南桦人工林Ⅱ＞山地雨林＞西南桦天然林。

草本层生物量及所占比例排序均为西南桦人工林Ⅱ＞西南桦人工林Ⅰ＞西南桦天然林＞山地雨林，西南桦人工林Ⅱ最高，为 20.68 t/hm^2，占 24.53%，山地雨林最低为 2.90 t/hm^2，占 0.92%。群落草本层生物量与乔木层生物量呈负相关。

第二节　群落乔木层与灌木层净初级生产力

一、群落生产力计算

初级生产力是绿色植物固定能量的速率，以地表单位面积和单位时间内，光合作用所产生的有机物质或干有机物质表示。总初级生产力是绿色植物在单位面积和单位时间内所固定的总能量，将总初级生产力扣除植物呼吸作用消耗的能量即为净初级生产力，森林生态系统总生产力中约 50%～60%用于植物的呼吸（方精云等，1996；黄清麟和李元红，2000；廖涵宗，1998）。然而，要测定森林某些组分的净生产力，在技术上还存在一定困难。为了简便起见，在同龄纯林中，用它们的年均增长量来代替年净生产量。鉴于森林中的叶、枝和根的现存量并非总积累量，而是某个时期内的更新代谢量，因此利用林分年龄来平均这些现存量，势必会造成对生物量的估计偏低。为了克服这种计算上的误差，在估计林分生产力时，使用活立木上宿存枝、叶生物量除以林分年龄，再加上枝、叶的年凋落量进行计算的方法；对于根系生产力，粗根和中根的生产力可用生物量除以林分年龄表示，而细根则用其生物量乘以年周转率来计算。研究表明，亚热带森林细根的平均年周转率为109.0%。具体计算公式如下（张云飞等，1997）：

a. 树干生产力=树干生物量/林木年龄

b. 枝、叶生产力=（林木活枝叶+死枝叶生物量）/林木年龄+枝、叶平均年凋落量

c. 粗根（$d>2$ mm）=粗根生物量/林木生物量

d. 细根=细根生物量×109.0%

式中，枝、叶平均年凋落量=当前年凋落量×（林木年龄–自然整枝初始年龄）/林木年龄，而自然整枝初始年龄可从解析木中的生物量取样分析数据中推算，即用第一死枝（离地面最低）对应的高度来推算年龄（解析木分析中高度所对应的年龄）。

二、叶 虫 食 量

植食动物对植物的采食量是植物群落生物量或生产力的组成部分之一，在现存植物群落生物量中应对食草动物的采食量加以估测和计算，才能客观地反映整个生态系统的生物量情况。本研究于6月和9月分2次对4种群落不同层次不同树种20000多个叶片进行了取样，测叶面积和虫食面积，根据叶凋落量和虫食比例推算每年食草动物（主要是昆虫）对乔木层、灌木层、草本层及层间植物叶的采食量，以对植物群落生物量进行客观估算。

从总采食量来看（图4.7），4种群落叶食量平均为0.63 t/（hm^2·a），各个林分叶虫食量较高，占叶生物量的20%以上，主要集中在乔木层树种上。4种群落叶虫食量在各层次变化趋势是乔木层＞灌木层＞草本层，不同群落叶虫食量排序为西南桦天然林＞山地雨林＞西南桦人工林Ⅱ＞西南桦人工林Ⅰ，西南桦天然林最高，达0.73 t/（hm^2·a），西南桦人工林Ⅰ最低，为0.41 t/（hm^2·a）。3种西南桦群落相比，进一步验证了叶虫食量与群落物种多样性指数呈负相关关系，即随着物种多样性指数增加，叶虫食量呈现西南桦天然林＞西南桦人工林Ⅱ＞西南桦人工林Ⅰ的递减趋势。

三、群落净初级生产力

（一）乔木层净初级生产力

乔木层净初级生产力包括乔木层生物量增量、凋落物、叶虫食量年生产力之和。由表4.8可知，4种群落乔木层净初级生产力排序为西南桦人工林Ⅰ＞西南桦

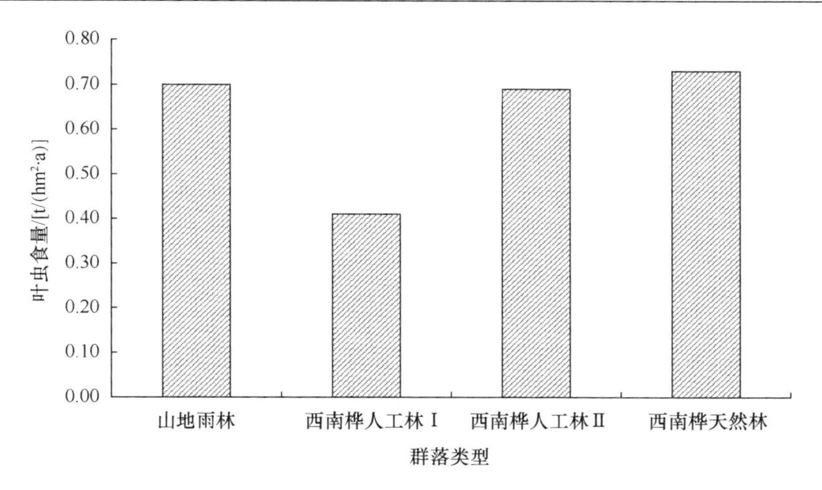

图 4.7　不同群落叶虫食量

表 4.8　不同群落乔木层净初级生产力　$t/(hm^2·a)$

群落类型	生物量增量					凋落物量	叶虫食量	净初级生产力
	干	枝	叶	根	合计			
山地雨林	7.35	0.81	0.08	2.36	10.6	3.01	0.70	14.31
西南桦人工林Ⅰ	10.24	1.07	0.73	0.91	12.95	5.07	0.41	18.43
西南桦人工林Ⅱ	4.10	0.66	0.12	0.87	5.75	2.55	0.69	8.99
西南桦天然林	8.14	0.93	0.29	1.05	10.41	4.03	0.73	15.17

天然林＞山地雨林＞西南桦人工林Ⅱ。除在次生林采伐迹地更新的西南桦人工林Ⅱ外，西南桦人工林Ⅰ和西南桦天然林的净初级生产力均高于山地雨林。在山地雨林采伐迹地更新的 13 年生西南桦人工林Ⅰ正值乔木层树种西南桦高、径生长速生期，加之土壤肥力相对较高，其净初级生产力显著高于成熟而相对稳定且能量输入输出大致相等的地带性顶级群落——山地雨林以及其他 2 种西南桦群落，达 18.43 $t/(hm^2·a)$，分别较山地雨林、西南桦人工林Ⅱ和西南桦天然林高 28.79%、105.01%和 21.49%。由于立地较差，在次生林采伐迹地更新的西南桦人工林Ⅱ西南桦保存率较低且长势较差，净初级生产力较低，仅为 8.99 $t/(hm^2·a)$，与其他 3 种群落存在极显著性差异。

4 种群落乔木层净初级生产力以活生物量保留下来形成的生物量增量为 5.75～12.95 $t/(hm^2·a)$，占 63.96%～74.07%；以凋落物形式损失的叶、花、果、枝为 2.55～5.07 $t/(hm^2·a)$，占 21.03%～28.36%；被食叶昆虫取食的为 0.41～0.73 $t/(hm^2·a)$，占 2.22%～4.89%。

乔木层净初级生产力的器官分配以干材比例较高，为 4.10～10.24 $t/(hm^2·a)$，占乔木层净初级生产力的45.61%～55.56%，4种群落干材净初级生产力排序为西南桦人工林Ⅰ>西南桦天然林>山地雨林>西南桦人工林Ⅱ，西南桦人工林Ⅰ最高，达10.24 t/（hm^2·a），西南桦人工林Ⅱ最低，仅4.10 t/（hm^2·a）。叶的净初级生产力最低，为0.08～0.73 t/（hm^2·a），占0.56%～3.96%，排序为西南桦人工林Ⅰ>西南桦天然林>西南桦人工林Ⅱ>山地雨林，山地雨林乔木层叶净初级生产力与3种以落叶树种西南桦占绝对优势的西南桦群落存在显著差异。枝净初级生产力排序为西南桦人工林Ⅰ>西南桦天然林>山地雨林>西南桦人工林Ⅱ，西南桦人工林Ⅰ最高，为1.07 t/（hm^2·a），西南桦人工林Ⅱ最低，为0.66 t/（hm^2·a）。根净初级生产力排序为山地雨林>西南桦天然林>西南桦人工林Ⅰ>西南桦人工林Ⅱ，山地雨林最高，为2.36 t/（hm^2·a），西南桦人工林Ⅱ最低，为0.87 t/（hm^2·a）。

（二）群落净初级生产力

由表4.9可知，4种群落净初级生产力为11.1～19.99 t/（hm^2·a），排序为西南桦人工林Ⅰ>西南桦天然林>山地雨林>西南桦人工林Ⅱ。西南桦人工林Ⅰ高达19.99 t/（hm^2·a）与山地雨林和其他2种西南桦群落存在显著性差异，较西南桦天然林、山地雨林和西南桦人工林Ⅰ高出27.49%、28.88%和80.01%；西南桦天然林与山地雨林的净初级生产力大致相同，分别为15.68 t/（hm^2·a）和15.51 t/（hm^2·a）；西南桦人工林Ⅱ最低，仅为11.1 t/（hm^2·a），显著低于其他3种群落。

表4.9　不同群落净初级生产力

群落类型	乔木层		灌木层		草（藤）本层		总计	
	生产力/（t/（hm^2·a））	百分比/%	生产力/（t/（hm^2·a））	百分比/%	生产力/（t/（hm^2·a））	百分比/%	生产力/（t/（hm^2·a））	百分比/%
山地雨林	14.31	92.26	0.79	5.09	0.41	2.64	15.51	100
西南桦人工林Ⅰ	18.43	92.20	0.83	4.15	0.73	3.65	19.99	100
西南桦人工林Ⅱ	8.99	80.99	0.39	3.51	1.72	15.49	11.10	100
西南桦次生林	15.17	96.75	0.11	0.70	0.40	2.55	15.68	100

随着群落的发展，在山地雨林采伐迹地营造的西南桦人工林Ⅰ物种组成和群落结构日趋复杂，群落物质循环加速，土壤肥力和生境条件明显改善。虽然其种类组成、结构特征和生态效益等方面与地带性植被山地雨林尚存在较大的差异，但就物种多样性保护、林地生产力提高以及热带山地植被恢复与重建而言无疑是一条极为有效的途径。其较高的群落净初级生产力特征进一步说明，热带山地雨林破坏后，只要及时进行人工更新，采用近自然经营模式，群落会逐渐向地带性顶级群落发展，从而加速地带性顶级群落的恢复。由于群落物种组成和土壤肥力与西南桦人工林Ⅰ存在较大差异，在土壤退化严重的次生林采伐迹地上更新的西

南桦人工林Ⅱ净初级生产力较低，其群落向地带性顶级群落演替进展较为缓慢，地带性植被恢复与重建难度较大。西南桦天然林正值速生期，西南桦密度较大，其净初级生产力也达到较高水平。

4 种群落各层次净初级生产力均以乔木层最高，为 8.99～18.43 t/（hm^2·a），占 80.99%～96.75%，山地雨林和西南桦人工林Ⅰ其下依次为灌木层和草（藤）本层，而西南桦人工林Ⅱ和西南桦天然林中棕叶芦等多年生草本植物生物量年增量较大，导致其草（藤）本层净初级生产力高于灌木层。

4 种群落灌木层净初级生产力为 0.11～0.83 t/（hm^2·a），占 0.70%～5.09%，净初级生产力排序为西南桦人工林Ⅰ＞山地雨林＞西南桦人工林Ⅱ＞西南桦天然林，以灌木层物种最丰富的西南桦人工林Ⅰ为最高，达 0.83 t/（hm^2·a），而人为干扰较大的西南桦天然林最低，仅为 0.11 t/（hm^2·a），与西南桦人工林Ⅰ相差 7.55 倍。

草（藤）本层净初级生产力为 1.72～0.40 t/（hm^2·a），占 2.55%～15.49%，净初级生产力排序为西南桦人工林Ⅱ＞西南桦人工林Ⅰ＞山地雨林＞西南桦天然林，以乔木层相对较为稀疏且多年生草本植物占优势的西南桦人工林Ⅱ为最高，达 1.72 t/（hm^2·a），而林分郁闭度较高的山地雨林和西南桦天然林较低，分别仅为 0.41 t/（hm^2·a）和 0.40 t/（hm^2·a），与西南桦人工林Ⅱ相差 4.3 倍。

第三节 西南桦人工林碳贮存能力

全球气候变暖速度不断加快，对全球可持续发展造成了越来越严重的影响，全球对以 CO_2 为主的温室气体的排放进行了越来越严格的限制，在这种背景下，CO_2 等温室气体的固定成了一个可持续发展和生态环境建设研究中的热点。通过人工造林对 CO_2 进行固定被认为是技术简单、回报率高的应对全球变暖的最佳选择之一，由一些发达国家或国际组织资助的旨在固定 CO_2 的造林项目已在一些国家相继开展（Dixon，1993）。对于森林的碳储量研究，国外已做了大量工作（Lugo 和 Brown，1992；Lasco，2000）。在国内，李江等（2003）也对云南热区几种人工幼林的固碳作用进行了研究。但对不同立地条件的同林龄西南桦人工林和天然林的固碳作用对比研究还未见报道。

一、地上部分各层次生物质碳密度

由表 4.10 可知，在 4 种群落地上部分固定的碳密度中，山地雨林最高，达 127.35 t/hm^2，其次是西南桦天然林为 40.12 t/hm^2，西南桦人工林Ⅰ为 39.41 t/hm^2，最低为西南桦人工林Ⅱ，仅为 27.23 t/hm^2。乔木层占地上部分碳密度的比例最大，达到 81.25%～97.45%。灌木层和草本层占地上部分碳密度的比例较小，仅为 0.62%～14.25%。

表 4.10　不同群落各层次生物质的碳密度

层次		山地雨林	西南桦人工林Ⅰ	西南桦人工林Ⅱ	西南桦天然林
乔木层	生物量/（t/hm²）	248.20	70.10	44.24	77.86
	碳密度/（t/hm²）	124.10	35.05	21.12	38.93
	百分比/%	97.45	88.95	81.25	97.04
灌木层	生物量/（t/hm²）	4.48	5.01	2.45	0.50
	碳密度/（t/hm²）	2.24	2.51	1.23	0.25
	百分比/%	1.76	6.36	4.50	0.62
草本层	生物量/（t/hm²）	2.02	3.70	7.76	1.87
	碳密度/（t/hm²）	1.01	1.85	3.88	0.94
	百分比/%	1.59	4.69	14.25	2.33
总计	生物量/（t/hm²）	254.78	78.01	54.45	80.23
	碳密度/（t/hm²）	127.35	39.41	27.23	40.12
	百分比/%	100	100	100	100

二、地下部分生物质碳密度

4 种群落中根系碳密度最高的是山地雨林 27.92 t/hm²，其次是西南桦人工林Ⅱ（12.67 t/hm²）和人工林Ⅰ（10.95 t/hm²），最小的是西南桦天然林为 8.10 t/hm²（表 4.11）。4 种林分地下部分碳密度与地上部分碳密度的比值为 0.20～0.46，比值最大的是西南桦人工林Ⅱ，这是因为西南桦人工林Ⅱ由于造林立地条件较差，林地中多数植物，包括人工种植的西南桦地上部分生长发育不良，地上部分积累的生物量较其他林分相对较小，而地下部分由于林木株数较多造成了根系数量大，因此其比值较大。

凋落物层碳密度最高的是西南桦人工林Ⅰ，达 3.81 t/hm²，其次是西南桦天然林，为 3.03 t/hm²，最小的是西南桦人工林Ⅱ，仅为 1.92 t/hm²。

西南桦人工林Ⅰ土壤的有机质碳密度略低于山地雨林的土壤有机质碳密度，但差异不大（68.05 t/hm² 和 73.67 t/hm²），这表明人工造林前期会对土壤有机质造成一定程度的破坏，但随着人工林的发育，土壤有机质逐步得以恢复。2 种不同迹地造林的西南桦人工林土壤有机质碳密度因群落结构和多样性不同有较大差异。西南桦天然林土壤有机质碳密度远低于其他 3 种林分类型，这与当初原生植被破坏后，其表土层受到严重破坏，土壤有机质含量低的情况相符。

表 4.11　不同群落地下部分根系、凋落物及土壤有机质的碳密度

地下部分		山地雨林	西南桦人工林Ⅰ	西南桦人工林Ⅱ	西南桦天然林
根系	生物量/（t/hm^2）	55.83	21.89	25.34	16.20
	碳密度/（t/hm^2）	27.92	10.95	12.67	8.10
	百分比/%	26.88	13.22	18.81	18.14
凋落物	生物量/（t/hm^2）	4.51	7.61	3.83	6.05
	碳密度/（t/hm^2）	2.26	3.81	1.92	3.03
	百分比/%	2.18	4.60	2.85	6.79
土壤有机质	生物量/（t/hm^2）	147.34	136.10	105.56	67.03
	碳密度/（t/hm^2）	73.67	68.05	52.78	33.52
	百分比/%	70.94	82.18	78.34	75.07
总计	生物量/（t/hm^2）	207.68	165.60	134.73	89.28
	碳密度/（t/hm^2）	103.85	82.81	67.37	44.65
	百分比/%	100	100	100	100

三、群落碳密度和年固碳量

4 种群落的总碳密度在 84.77～231.20 t/hm^2，土壤中的碳密度占了较大比例，为 31.86%～55.68%（表 4.12），这表明土壤是这几类林分的主要碳库。以吸收固定 CO_2 为主要目标的造林项目除了追求较高的生物量外，对林地土壤的管理也应引起足够的重视，应避免出现因大规模的水土流失而造成林分固碳量的损失。3 种西南桦林生物质碳贮量为 39.90～50.36 t/hm^2，占总碳贮量的 42.18%～56.88%，这个数值明显高于王效科等（2001）对黑松、油松、马尾松、柳杉、杉木和水杉的中幼龄人工林的碳密度总体估计值（＜15 t/hm^2=，这表明西南桦林分有较高的固碳潜力。4 种林分的凋落物碳密度中，西南桦人工林Ⅰ的最大为 3.81 t/hm^2，其次是西南桦天然林，为 3.01 t/hm^2。大量的枯落物说明 13 年生西南桦已处于旺盛的发育期，自然整枝等现象较为明显增加，因此有大量的凋落物。西南桦人工林Ⅱ西南桦种群密度和活立木生物量最低，导致年枯枝落叶量显著低于其他 3 种群落。山地雨林凋落物量也比较少，这是因为山地雨林作为当地的顶极群落，经过长期演替已达到了一个较为稳定的状态，各种植物处于一个相对平稳的发育阶段，因此枯落物较少。4 种群落中总碳密度最高的是山地雨林为 231.20 t/hm^2，其次为西南桦人工林Ⅰ的 122.22 t/hm^2 和西南桦人工林Ⅱ的 94.60 t/hm^2，最低的为西南桦天然林，仅为 84.77 t/hm^2。

表 4.12　不同群落的总碳密度和年固碳量

碳密度	山地雨林	西南桦人工林 I	西南桦人工林 II	西南桦天然林
地上部分/（t/hm^2）	127.35	39.41	27.23	40.12
地下部分/（t/hm^2）	27.92	10.95	12.67	8.10
地上+地下/（t/hm^2）	155.27	50.36	39.90	48.22
凋落物/（t/hm^2）	2.26	3.81	1.92	3.01
土壤有机质/（t/hm^2）	73.67	68.05	52.78	33.52
总碳密度/（t/hm^2）	231.20	122.22	94.60	84.77
年固碳量/（t/（hm^2·a））	-	3.87	3.07	3.71

4 种群落中，由于山地雨林不能确定林龄，因此未计算其年固碳量。其他 3 种可确定林龄的群落中，年固碳量最大的是西南桦人工林 I，达 3.87 t/（hm^2·a），其次为西南桦天然林的 3.71 t/（hm^2·a）（表 4.12），这与国际大气组织（IPCC）温室气体使用的热带人工林年固碳量是一致的，为 3.4～7.5 t/（hm^2·a）（Houghton et al，1996）。这说明只要选择适宜的地段和留存一定的母树，天然林也能达到人工林的固碳能力；也说明西南桦作为一种碳汇（carbon sink）树种的发展潜力较大。3 种西南桦林每年吸收固定的碳量都明显高于当地热带次生林（2.42 t/（hm^2·a））和暖温带落叶阔叶林（2.19 t/（hm^2·a））（王效科等，2001）。但与典型的热带地区植被相比，云南热区的西南桦人工林的年固碳量还是偏小的，如马占相思纯林的年固碳量测定值为 20.8 t/（hm^2·a），石梓（*Gamelina arborea*）林为 9.8 t/（hm^2·a）（Lasco，2000）。

第四节　小　　结

4 种群落乔木层生物量排序为山地雨林＞西南桦天然林＞西南桦人工林 I ＞西南桦人工林 II，山地雨林最高，达 302.08 t/hm^2，西南桦人工林 II 最低，为 55.57 t/hm^2。山地雨林乔木层发育较为充分，分化明显，乔木种类多达 38 种，且多为大径级乔木，故乔木层生物量较高。西南桦人工林和天然林尚处中幼林阶段，乔木层为单优种结构，故生物量仅为山地雨林的 18.62%～30.30%。4 种群落乔木层的生物量在器官的分配排序为干＞根＞枝＞叶，生物量主要分配于树干。树干生物量以西南桦人工林 I 最高，占 72.06%，山地雨林最低，占 62.98%，说明西南桦人工林乔木树种分枝少，树干通直，出材率高，是较为理想的速生用材林经营模式；山地雨林乔木层尽管生物量最大，但由于树枝所占比例较大，出材率相对人工林低。

4 种群落灌木层生物量排序为西南桦人工林 I ＞山地雨林＞西南桦人工林 II

＞西南桦天然林，西南桦人工林Ⅰ最高，达 7.84 t/hm^2。西南桦人工林Ⅰ灌木层物种更新状况较好，组成物种多达 61 种，且以披针叶楠、小叶干花豆、短刺栲等山地雨林和季风常绿阔叶林乔木幼树为主，故生物量最高；在公路沿线次生林迹地上更新起来的西南桦天然林林分，人为干扰较大，更新缓慢，导致生物量较低。以上数据表明，在近自然经营模式管理下的西南桦人工林经过 13 年的进展演替，群落结构不断优化，灌木层物种多样性逐步增加，生物量不断积累，群落的功能不断完善，生境条件得到快速改善和恢复。灌木层生物量的分配主要集中于地上部分（干、枝、叶），占 52.61%～80.75%，地下部分生物量（根）占 19.25%～47.39%。

4 种群落草本层生物量排序为西南桦人工林Ⅱ＞西南桦人工林Ⅰ＞西南桦天然林＞山地雨林，以林分相对较为稀疏的西南桦人工林Ⅱ为最高，达 20.68 t/hm^2；山地雨林和西南桦次生林乔木层郁闭度高，林下草本层不发达，生物量较低。4 种群落草本层生物量比较结果表明，群落草本层生物量随着演替进展，林分郁闭度增加，草本层生物量呈下降趋势。除山地雨林外，3 种西南桦群落草本层生物量主要集中于地下部分，占 52.50%～62.47%。

4 种群落凋落物量排序为西南桦人工林Ⅰ＞西南桦天然林＞山地雨林＞西南桦人工林Ⅱ，以落叶树种西南桦种群密度较高的西南桦人工林Ⅰ凋落物量最高，达 7.61 t/hm^2；山地雨林属季节性换叶，故年枯枝落叶量较低，为 4.51 t/hm^2。4 种群落枯枝落叶量以叶为主体，占 54.54%～68.59%，西南桦人工林Ⅰ落叶量最高，为 5.22 t/hm^2，占 68.59%。

4 种群落总生物量排序为山地雨林＞西南桦人工林Ⅰ＞西南桦天然林＞西南桦人工林Ⅱ。以群落结构层次分化明显尤其是乔木层发育充分的山地雨林生物量最高，达 315.04 t/hm^2，分别为 13 年生西南桦人工林Ⅰ、西南桦人工林Ⅱ和西南桦天然林的 2.91 倍、3.74 倍和 3.07 倍。4 种群落生物量均集中于地上部分，占 69.93%～84.19%，排序为山地雨林＞西南桦人工林Ⅰ＞西南桦天然林＞西南桦人工林Ⅱ；地下部分生物量占 15.81%～30.07%，排序为山地雨林＞西南桦人工林Ⅱ＞西南桦人工林Ⅰ＞西南桦天然林。4 种群落生物量均主要集中于乔木层，占 66.73%～95.89%，乔木层以山地雨林最发达，占群落总生物量的 95.89%；灌木层以发育较好且物种丰富的西南桦人工林Ⅰ为最高，达 7.84 t/hm^2；草本层生物量以乔木层较为稀疏的西南桦人工林Ⅱ最高，山地雨林最低，群落草本层生物量与乔木层生物量呈负相关。

4 种群落乔木层净初级生产力排序为西南桦人工林Ⅰ＞西南桦天然林＞山地雨林＞西南桦人工林Ⅱ，西南桦人工林Ⅰ最高，达 18.43 t/(hm^2·a)。4 种群落净初级生产力为 11.1～19.99 t/(hm^2·a)，西南桦人工林Ⅰ＞西南桦天然林＞山地雨林＞西南桦人工林Ⅱ。西南桦人工林Ⅰ高达 19.99 t/(hm^2·a)，与山地雨林和其他 2 种西南桦群落存在显著性差异。随着群落的发展，山地雨林采伐迹地营造的西南桦人工林Ⅰ物种组成和群落结构日趋复杂，群落物质循环加速，土壤肥力和生境条件明显改善。虽然其种类组成、结构特征和生态效益等方面与地带性植被山地雨林尚存在较大的差异，但就物种多样性保护、林地生产力提高以及热带山地植被恢复与重建无疑是一条极为有效的途径。其较高的群落净初级生产力特征进一步说明，热带山地雨林破坏后，只要及时进行人工更新，采用近自然经营模式，群落会逐渐向地带性顶级群落发展，从而加速地带性顶级群落的恢复。

4 种群落的总碳密度为 84.77～231.20 t/hm^2，山地雨林＞西南桦人工林Ⅰ＞西南桦人工林Ⅱ＞西南桦天然林。年固碳量以西南桦人工林Ⅰ为最高，达 3.87 $t/(hm^2·a)$，其次为西南桦天然林，为 3.71 $t/(hm^2·a)$，西南桦人工林Ⅱ最低，为 3.07 $t/(hm^2·a)$。各群落土壤有机质碳密度占总碳密度的 31.86%～55.68%，是群落最主要的碳库。4 种群落地上部分各层次生物质的碳密度，排序为山地雨林＞西南桦天然林＞西南桦人工林Ⅰ＞西南桦人工林Ⅱ，山地雨林最高，达 254.78 t/hm^2，西南桦人工林Ⅱ最低，为 54.45 t/hm^2。地上部分各层次碳密度，4 种群落均主要集中在乔木层，占 81.25%～97.45%；灌木层以西南桦人工林Ⅰ占比最高，占地上部分生物质碳密度的 6.36%，西南桦天然林最低，为 0.62%；草本层西南桦人工林Ⅰ最高，占 4.69%，山地雨林最低，占 1.59%。地下部分根系、凋落物及土壤有机质的碳密度排序为山地雨林＞西南桦人工林Ⅰ＞西南桦人工林Ⅱ＞西南桦天然林。各群落地下部分总碳密度以土壤有机质为主，占 70.94%～82.18%；其次为根系，占 13.22%～26.88%；凋落物层最低，占 2.18%～4.60%。

第五章　西南桦人工林物种多样性、土壤理化性状与生物量的相关性分析

第一节　物种多样性与土壤理化性状相关性

为了探讨群落物种多样性与土壤理化性质的相关性，本研究选择西南桦人工林Ⅰ、西南桦人工林Ⅱ和西南桦天然林 3 种群落类型灌木层、草本层的 Shannon-Wiener 指数、Simpson 指数、Pielou 均匀度指数与土壤 pH、有机质、全氮、含水量等理化性质进行 Pearson 相关分析（表 5.1）。

表 5.1　群落物种多样性指数与土壤理化性质相关性

相关性参数		Shannon-Wiener 指数		Simpson 指数		Pielou 均匀度指数	
		灌木层	草本层	灌木层	草本层	灌木层	草本层
pH	相关系数	–0.925	–0.842	–0.927	–0.868	–0.990	–0.896
	显著性 *P* 值	0.248	0.363	0.245	0.331	0.089	0.293
有机质	相关系数	0.775	0.875	0.771	0.850	0.593	0.817
	显著性 *P* 值	0.436	0.321	0.439	0.353	0.596	0.392
全氮	相关系数	0.934	0.983	0.932	0.972	0.388	0.825
	显著性 *P* 值	0.233	0.118	0.236	0.150	0.612	0.175
水解氮	相关系数	0.878	0.950	0.876	0.933	0.732	0.909
	显著性 *P* 值	0.318	0.203	0.321	0.235	0.477	0.273
全磷	相关系数	0.592	0.727	0.588	0.692	0.374	0.647
	显著性 *P* 值	0.596	0.482	0.600	0.514	0.756	0.552
速效磷	相关系数	0.117	–0.062	0.122	–0.012	0.360	0.048
	显著性 *P* 值	0.925	0.960	0.922	0.992	0.766	0.969
速效钾	相关系数	0.686	0.805	0.682	0.774	0.484	0.735
	显著性 *P* 值	0.519	0.404	0.522	0.436	0.679	0.475
0～20 cm 含水量	相关系数	0.037	0.216	0.032	0.167	–0.212	0.107
	显著性 *P* 值	0.976	0.862	0.979	0.893	0.864	0.932
0～20 cm 容重	相关系数	0.233	0.404	0.228	0.357	–0.015	0.300
	显著性 *P* 值	0.850	0.735	0.8531	0.767	0.990	0.806
0～20 cm 总孔隙度	相关系数	–0.321	–0.486	–0.316	–0.441	–0.076	–0.386
	显著性 *P* 值	0.792	0.677	0.795	0.709	0.951	0.747

注：**表示 $P<0.01$，极显著水平；*表示 $P<0.05$，显著水平。下同。

一、多样性与含水量、容重和总孔隙度的相关性

表 5.1 相关性分析结果表明，3 种西南桦群落表土层含水量与灌木层和草本层多样性指数（Shannon-Wiener 指数和 Simpson 指数）呈极小的正相关性，与灌木层和草本层 Shannon-Wiener 指数的相关系数分别为 0.037 和 0.216、与灌木层和草本层 Simpson 指数的相关系数分别为 0.032 和 0.167；表土层含水量与灌木层 Pielou 均匀度指数呈极小负相关（相关系数为–0.212）、与草本层均匀度指数呈极小正相关（相关系数为 0.107）。

表土层容重与灌木层和草本层多样性指数呈极小正相关，即与灌木层和草本层 Shannon-Wiener 指数的相关系数分别为 0.233 和 0.404、与灌木层和草本层 Simpson 指数的相关系数分别为 0.228 和 0.357；表土层含水量与灌木层均匀度指数呈负极小相关（相关系数为–0.015）、与草本层均匀度指数呈极小正相关（相关系数为 0.300）。表土层总孔隙度与灌木层和草本层多样性和均匀度指数呈负相关，但相关性均极小或较小，与灌木层和草本层 Shannon-Wiener 指数的相关系数分别为–0.321 和–0.486，与灌木层和草本层 Simpson 指数的相关系数分别为–0.316 和–0.441；与灌木层和草本层均匀度指数相关系数分别为–0.076 和–0.386。

3 种西南桦群落表层土壤的总孔隙度随植被的进展演替生物多样性指数增长呈现下降趋势，而表土层容重呈上升趋势。与山地雨林相比（表土层总孔隙度为 60.154%，容重为 1.044 g/cm^3），西南桦天然林的表土层总孔隙度（57.233%）在 3 种群落中最高、容重（1.133 g/cm^3）最低，已接近山地雨林；西南桦人工林 II 表土层总孔隙度（51.609%）最低、容重（1.265 g/cm^3）最高。西南桦次生林是修路破坏了原有的天然植被后天然更新起来以西南桦为优势种的次生林，总孔隙度较大和容重较低是由于修路的因素造成，并非由于生物作用而得到改善。

西南桦人工林 I 的表土层总孔隙度高于西南桦人工林 II，而容重低于西南桦人工林 II，说明表土层的总孔隙度和容重随物种多样性的增加而逐步得到改善。

3 种林分土壤的含水量与孔隙度呈显著正相关，演替初期土壤含水量增加，但随着灌木层物种多样性指数的不断增加以及物种的发育，土壤含水量有下降的趋势，这可能是其群落的光合作用大增要消耗更多水分的缘故。西南桦天然林由于其土壤分散系数大、团聚度小、土壤结构性差导致其表土层水含量较低。可见，土壤的物理性状因地、因时而异，也因基岩和林分成因不同而异。

二、多样性与表土层 pH 的相关性

相关性分析结果表明，3 种西南桦群落表土层 pH 与灌木层和草本层多样性和

均匀度指数呈负相关，但相关性均不显著，与灌木层和草本层 Shannon-Wiener 指数的相关系数分别为–0.925 和–0.842，与灌木层和草本层 Simpson 指数的相关系数分别为–0.927 和–0.868，与灌木层和草本层均匀度指数相关系数分别为–0.990 和–0.896（见表 5.1）。

与土壤为强酸性的山地雨林（表土层 pH 为 3.92）相比，随着西南桦人工林和天然林灌木层、草本层多样性指数增加，土壤表层（0～20 cm）pH 呈下降趋势，土壤酸度呈增加趋势。西南桦人工林Ⅰ最低，为 4.51，西南桦人工林Ⅱ的最高，为 4.78。3 种西南桦群落表土层 pH 随演替进展、多样性增加逐渐降低，这说明随着群落植物多样性增加，枯落物的分解可产生较多的 CO_2 和有机酸，降低了土壤的 pH，植物输入土壤的有机质越多，产生的酸性物质越多，土壤的 pH 就越低。

三、多样性与表土层养分的相关性

与群落物种多样性指数相关性分析结果表明，表土层有机质、全氮、水解氮、全磷、速效磷、速效钾等土壤养分指标基本呈正相关，但相关性均不显著（见表 5.1）。有机质与灌木层和草本层 Shannon-Wiener 指数的相关系数分别为 0.775 和 0.875，Simpson 指数的相关系数分别为 0.771 和 0.850，均匀度指数相关系数分别为 0.593 和 0.817；全氮与灌木层和草本层 Shannon-Wiener 指数的相关系数分别为 0.934 和 0.983，Simpson 指数的相关系数分别为 0.932 和 0.972，均匀度指数相关系数分别为 0.388 和 0.825；水解氮与灌木层和草本层 Shannon-Wiener 指数的相关系数分别为 0.878 和 0.950，Simpson 指数的相关系数分别为 0.876 和 0.933，均匀度指数相关系数分别为 0.732 和 0.909；全磷与灌木层和草本层 Shannon-Wiener 指数的相关系数分别为 0.592 和 0.727，Simpson 指数的相关系数分别为 0.588 和 0.692，均匀度指数相关系数分别为 0.374 和 0.647；速效磷与灌木层和草本层 Shannon-Wiener 指数的相关系数分别为 0.117 和–0.062，Simpson 指数的相关系数分别为 0.122 和–0.012，均匀度指数相关系数分别为 0.360 和 0.048，相关性极小或无相关性；速效钾与灌木层和草本层 Shannon-Wiener 指数的相关系数分别为 0.686 和 0.805，Simpson 指数的相关系数分别为 0.682 和 0.774，均匀度指数相关系数分别为 0.484 和 0.735。

随着西南桦群落的正向演替，群落物种多样性不断增加，3 种西南桦群落的有机质、全氮、水解氮、全磷、速效磷、速效钾等养分含量基本呈正相关的增长趋势。随演替的进展，群落物种不断丰富以及物种发育，土壤养分的来源更加多元化，群落光合作用大大提高，制造更多的有机物，使群落的生物量增加，产生更多的凋落物，有更多的有机质和矿质元素进入土壤层。这在一定程度上显示了群落自肥功能更趋稳定，说明森林群落的进展演替过程也是土壤养分不断积累的过程。

第二节　群落物种多样性与生物量相关性

自然群落物种多样性与生产力的相关性格局主要表现为 3 种形式，一是随群落生产力的增加物种多样性单调上升，二是随群落生产力的增加物种多样性单调下降，三是物种多样性与生产力呈单峰函数关系，即在中等生产力水平多样性最高（彭少麟，2000；邱波，2003）。

对西南桦人工林Ⅰ、西南桦人工林Ⅱ、西南桦天然林的灌木层、草本层、凋落物层及总生物量与灌木层、草本层的 Shannon-Wiener 指数、Simpson 指数及 Pielou 均匀度指数进行 Pearson 相关分析。结果表明，灌木层、凋落物层及总生物量与 Shannon-Wiener 指数、Simpson 指数及均匀度指数成正相关，而草本层生物量与物种多样性指数成负相关，即群落多样性越高，草本层生物量越低。

一、多样性与灌木层、凋落物层及总生物量相关性

3 种西南桦群落演替初期，群落灌木层、凋落物层及总生物量与群落灌木层和草本层多样性、均匀度指数呈正相关，但相关性均不显著。灌木层生物量与灌木层和草本层 Shannon-Wiener 指数的相关系数分别为 0.900 和 0.964，Simpson 指数的相关系数分别为 0.898 和 0.949，均匀度指数的相关系数分别为 0.764 和 0.928；凋落物层生物量与灌木层和草本层 Shannon-Wiener 指数的相关系数分别为 0.850 和 0.742，Simpson 指数的相关系数分别为 0.853 和 0.775，均匀度指数的相关系数分别为 0.954 和 0.812；群落总生物量与灌木层和草本层 Shannon-Wiener 指数的相关系数分别为 0.737 和 0.604，Simpson 指数的相关系数分别为 0.740 和 0.643，均匀度指数的相关系数分别为 0.881 和 0.688（表 5.2）。

在 3 种西南桦群落演替初期，随着西南桦人工或次生群落的进展演替，群落物种多样性不断增加，3 种西南桦群落的灌木层、凋落物层及总生物量呈现正相关的增长趋势。这说明在演替进展的初期，随着群落物种不断丰富以及物种发育，尤其是灌木层物种丰富度的不断增加，群落结构不断优化，3 种西南桦群落灌木层、凋落物层以及总生物量不断积累。

3 种西南桦群落灌木层生物量排序为西南桦人工林Ⅰ＞西南桦人工林Ⅱ＞西南桦天然林。西南桦人工林Ⅰ灌木层组成多达 61 种，较西南桦人工林Ⅱ（32 种）和西南桦次生林（29 种）高，以披针叶楠、小叶干花豆、短刺栲等山地雨林和季风常绿阔叶林乔木幼树为主。灌木层物种高 2.5～4.0 m，盖度 80%以上，故生物量最高，达 7.84 t/hm^2，与山地雨林（5.55 t/hm^2）相比，仍高出 41.26%。

3 种西南桦群落凋落物层以及总生物量排序均为西南桦人工林Ⅰ＞西南桦天

然林＞西南桦人工林Ⅱ。西南桦人工林Ⅰ为落叶树种西南桦单优群落，西南桦种群密度高于其他 3 种群落任一优势种，加之物种丰富度显著高于其他 2 种群落，故年枯枝落叶量最高，达 7.61 t/hm^2，分别比西南桦人工林Ⅱ和西南桦次生林高 98.69%和 25.79%。就总生物量而言，西南桦人工林Ⅰ群落物种组成达 109 种，分别为西南桦人工林Ⅱ和西南桦次生林的 1.82 倍和 1.99 倍，群落结构层次分化较西南桦人工林Ⅱ和西南桦次生林复杂，故总生物量高，达 108.31 t/hm^2。

表 5.2　群落物种多样性与生物量相关性

相关性参数		灌木层生物量	草本层生物量	凋落物层生物量	总生物量
灌木层 Shannon-Wiener 指数	相关系数	0.900	–0.365	0.850	0.737
	显著性 P 值	0.287	0.762	0.353	0.473
草本层 Shannon-Wiener 指数	相关系数	0.964	–0.192	0.742	0.604
	显著性 P 值	0.172	0.877	0.468	0.588
灌木层 Simpson 指数	相关系数	0.898	–0.369	0.853	0.740
	显著性 P 值	0.290	0.759	0.350	0.470
草本层 Simpson 指数	相关系数	0.949	–0.241	0.775	0.643
	显著性 P 值	0.204	0.845	0.436	0.556
灌木层 Pielou 均匀度指数	相关系数	0.764	–0.584	0.954	0.881
	显著性 P 值	0.447	0.603	0.193	0.313
草本层 Pielou 均匀度指数	相关系数	0.928	–0.299	0.812	0.688
	显著性 P 值	0.243	0.807	0.397	0.517

二、多样性与草本层生物量相关性

群落物种多样性指数与草本层生物量相关性结果表明，草本层生物量与群落灌木层和草本层多样性指数呈负相关关系，但相关性不显著。草本层生物量与灌木层和草本层 Shannon-Wiener 指数的相关系数分别为–0.365 和–0.192，Simpson 指数的相关系数分别为–0.369 和–0.241，均匀度指数的相关系数分别为–0.584 和–0.299。

在西南桦群落演替初期，随着群落物种多样性不断增加，草本层生物量呈下降趋势。3 种西南桦群落草本层生物量排序为西南桦人工林Ⅱ＞西南桦人工林Ⅰ＞西南桦天然林，西南桦人工林Ⅱ最高，达 20.68 t/hm^2。尽管西南桦人工林Ⅰ草本层物种丰富度（S 30）、多样性指数（H' 3.94、λ 3.46）和均匀度指数（J_{sw} 0.64）明显高于西南桦人工林Ⅱ和西南桦天然林，但随着乔木层西南桦的发育以及灌木层物种丰富度的不断增加和层次分化，林分郁闭度不断增加，林下光照强度趋弱，多样性和均匀度指数都会下降，草本层生物量呈下降趋势，这主要是演替进展过程中种间竞争和种群调节等生态过程决定的。西南桦人工林Ⅱ乔木层西南桦密度在3种群落中最低，仅350株/hm^2，林分相对较为稀疏，林下光照较好。草本植物以棕叶芦、类芦、滇姜花等大型阳性草本植物为主，高1.5～3 m，草本层盖度达20%～30%，藤本植物以木质藤本为主，常见的有象鼻藤、甘葛、小花酸藤子、金刚藤、栽秧泡等。因此，比较而言，西南桦人工林Ⅱ草本层生物量最高。

第三节　生物量与土壤理化性状相关性

一、生物量与土壤pH的相关性

3种西南桦群落的灌木层、草本层、凋落物层及总生物量与pH相关性分析结果（表5.3）表明，灌木层、凋落物层及群落总生物量与表土层pH呈负相关，相关系数分别为–0.667、–0.986、–0.938；草本层生物量与表土层pH呈正相关，相关系数为0.691，但相关性均不显著。

表5.3　土壤理化性状与生物量相关性

相关性参数		灌木层生物量	草本层生物量	凋落物层生物量	总生物量
pH	相关系数	–0.667	0.691	–0.986	–0.938
	显著性 *P* 值	0.535	0.514	0.105	0.225
有机质	相关系数	0.973	0.307	0.325	0.143
	显著性 *P* 值	0.149	0.802	0.789	0.909
全氮	相关系数	0.996	–0.007	0.605	0.446
	显著性 *P* 值	0.054	0.996	0.586	0.706
水解氮	相关系数	0.999*	0.126	0.494	0.323
	显著性 *P* 值	0.031	0.920	0.671	0.791
全磷	相关系数	0.884	0.534	0.079	0.109
	显著性 *P* 值	0.310	0.641	0.950	0.931
速效磷	相关系数	–0.327	–0.968	0.623	0.758
	显著性 *P* 值	0.788	0.163	0.572	0.452
速效钾	相关系数	0.934	0.428	0.200	0.013
	显著性 *P* 值	0.232	0.719	0.872	0.992
0～20 cm含水量	相关系数	0.469	0.917	–0.494	–0.648
	显著性 *P* 值	0.689	0.261	0.671	0.551
0～20 cm容重	相关系数	0.634	0.820	–0.314	–0.486
	显著性 *P* 值	0.563	0.388	0.797	0.677
0～20 cm总孔隙度	相关系数	–0.223	–0.793	–0.182	0.810
	显著性 *P* 值	0.777	0.207	0.818	0.190

随着西南桦群落的进展演替，群落物种多样性与群落灌木层、凋落物层及群落总生物量不断增加，枯落物量也日益增长，枯落物的分解可产生较多的CO_2和有机酸，降低了土壤的 pH。3 种西南桦群落多样性与灌木层、凋落物层及总生物量呈正相关关系，与土壤的 pH 相关性表现出趋同性。

西南桦群落枯落物绝大部分来自乔木层和灌木层的木本植物，3 种西南桦群落的枯落物量为 3.83～7.61 t/hm^2。其中，以西南桦人工林Ⅰ凋落物量最高，达 7.61 t/hm^2，分别比山地雨林、西南桦人工林Ⅱ和西南桦天然林高 68.74%、98.69% 和 25.79%。西南桦群落草本层生物量越高表明林分乔木层和灌木层较为稀疏，群落内光照条件较好，草本层发达，主要来自乔木层和灌木层的枯落物以及由此产生的CO_2和有机酸较少，相对而言，提高了土壤的 pH。

二、生物量与全氮和水解氮的相关性

生物量与表土层全氮含量相关性分析结果（表 5.3）表明，3 种西南桦群落灌木层、凋落物层及群落总生物量与表土层全氮和水解氮均呈正相关，与全氮相关系数为 0.996、0.605 和 0.446，与水解氮的相关系数为 0.999、0.494、0.323，灌木层生物量与表土层全氮和水解氮含量相关性达到显著水平，凋落物层和群落总生物量与表土层全氮相关性不显著；草本层生物量与表土层全氮和水解氮含量相关性较小，相关系数仅为–0.007 和 0.126。

随着群落演替与植被恢复，凋落物积累与分解速率开始加快，植物和土壤相互作用对土壤养分状况将产生重大影响。3 种西南桦群落凋落物量与乔木层和灌木层生物量存在极显著正相关关系。因此，群落结构复杂、物种组成多样、灌木层和凋落物层生物量较高的西南桦人工林Ⅰ，表土层全氮和水解氮含量分别达 1.65 g/kg 和 287.22 g/kg，且与灌木层生物量存在显著相关性。

随着西南桦群落的演替与发育，草本层呈衰退趋势。3 种 13 年生西南桦群落草本层活生物量除林分较为稀疏的西南桦人工林Ⅱ占总生物量的 24.53%外，西南桦人工林Ⅰ和西南桦天然林草本层活生物量仅占总生物量的 3.87%～7.19%，由此产生的枯落物数量极少，因而草本层生物量与表土层全氮和水解氮的相关性较小。

三、生物量与有机质的相关性

3 种群落灌木层、草本层、凋落物层及群落总生物量与表土层有机质含量均呈正相关，相关系数分别为 0.973、0.307、0.325 和 0.143，与灌木层的相关性最高，其次为凋落物层，但相关性均不显著。

3 种群落处演替初期，灌木层物种多样性指数明显高于乔木层和草本层，灌木层物种更新强烈、发育迅速，生物量快速增长，每年有大量枯枝落叶转化成有机质归还土壤，使表土层有机质含量日趋丰富。灌木层物种丰富度最高的西南桦人工林Ⅰ（61种），表土层有机质含量为30.28 g/kg，比西南桦人工林Ⅱ（23.73 g/kg）和西南桦天然林（14.70 g/kg）分别高出27.60%和105.99%。

四、生物量与全磷和速效磷的相关性

3种群落灌木层、草本层、凋落物层及群落总生物量与表土层全磷均呈正相关，相关系数分别为0.884、0.534、0.079、0.109，与灌木层的相关性最高，其次为草本层，但相关性均不显著。表土层速效磷与灌木层和草本层生物量呈负相关，相关系数为–0.327和–0.968，相关性不显著；与凋落物层和群落总生物量呈正相关，相关系数为0.623和0.758，但不显著。

以上分析结果说明，3种西南桦群落表土层全磷含量随群落的演替与发育以及生物量的增加，不断得以积累和恢复。植物可直接吸收利用的速效磷，随着西南桦群落的进展演替，灌木层和草本层植物对速效磷需求量的快速增长，呈下降趋势。这与云南热区土壤磷素严重缺乏且是土壤肥力的主要限制性因子之一有关。3种群落表土层全磷含量以西南桦人工林Ⅰ最高，为38.67 mg/kg，西南桦天然林最低，仅为33.35 mg/kg；速效磷含量以西南桦天然林最高，为0.76 mg/kg，西南桦人工林Ⅱ最低，为0.52 mg/kg。

五、生物量与速效钾的相关性

3种西南桦群落灌木层、草本层、凋落物层及群落总生物量与表土层速效钾含量呈正相关，但相关性均不显著，相关系数分别为0.934、0.428、0.200、0.013，与灌木层相关性最高，其次为草本层。以上数据说明3种西南桦群落表土层速效钾含量在群落演替初期，随生物量增长，逐渐得以恢复和积累。

六、生物量与含水量、容重和总孔隙度的相关性

3种西南桦群落表土层含水量和容重与灌木层、草本层生物量呈正相关，但相关性均不显著，含水量相关系数分别为0.469与0.917，容重相关系数分别为0.634和0.820；与凋落物层和群落总生物量呈负相关，但相关性均不显著，含水量相关系数为–0.494和–0.648，容重相关系数分别为–0.314和–0.486。表土层总孔隙度与群落总生物量呈正相关，但相关性均不显著，相关系数为0.810；与灌木层、草本层和凋落物层呈负相关，但相关性均不显著，相关系数分别为–0.223、–0.793和–0.182，以草本层生物量相关性最高，与凋落物层生物量相关性较小。

生物量主要受土壤水分和养分的影响，而土壤水分主要受根系对水分吸收能力和土壤保水持水能力的影响。由于西南桦为落叶乔木，在西南桦群落演替初期，

灌木层和草本层植物主要分布于较浅的土壤层使得灌木层和草本层植物根系对雨水的截流和吸收作用相对较强，随着灌木层和草本层生物量增加，林分郁闭度大，土壤蒸发量相对较小，根系对雨水的拦截和吸收使得西南桦群落的表土层含水量增加。另一方面，3 种西南桦群落总生物量的 66.73%～89.30%以及凋落物主要来自乔木层，在演替初期，随着乔木层优势种西南桦的快速生长，对土壤水分需求增加，而土壤水分含量呈下降趋势。

土壤容重是土壤肥力的重要指标之一，土壤容重过大，则妨碍林木根系正常生长，即使土壤中有丰富的营养元素，也难以吸收利用，降低林地生产力。在西南桦群落演替初期，随着灌木层和草本层生物量的增加，对表土层养分的需求快速增加，导致表土层矿物质和有机质含量下降，致使表土层容重增加。与之相反，随着乔木层的发育，枯落物不断增加，有利于减小土壤容重，改良土壤物理性质。

生物量与总孔隙度相关性结果说明，在 3 种西南桦群落演替初期，随着灌木层和草本层的发育，生物量的增长，对表土层水分和养分需求增加，表土层总孔隙度呈下降趋势。但随着乔木层先锋树种西南桦的快速发育，具有增加表土层总孔隙度的作用。

第四节　小　　结

3 种西南桦群落灌木层、草本层多样性和均匀度指数与表土层含水量和容重基本呈正相关关系，但相关性较小；而与总孔隙度和 pH 呈负相关，但均不显著。土壤物理性状与灌木层和草本层多样性相关性研究结果说明，3 种西南桦群落在演替初期，随着灌木层和草本层物种多样性的增加及发育，对水分和养分需求的不断增加，表土层含水量增加、容重增大、孔隙度减少，说明在西南桦天然林和人工林演替初期，表土层的物理性状表现出先退化后恢复的趋势。随着群落的演替，群落物种多样性增加，枯落物的分解可产生较多的 CO_2 和有机酸，降低了土壤的 pH。

3 种西南桦群落表土层有机质、全氮、水解氮、全磷、速效磷、速效钾等化学性状与灌木层和草本层多样性和均匀度指数基本呈正相关，但相关性均不显著。随着西南桦群落的正向演替，群落物种不断丰富及发育，群落的生物量增加，产生更多的凋落物，有更多的有机质和矿质元素进入土壤层。

3 种西南桦群落灌木层、凋落物层生物量及总生物量与群落灌木层和草本层多样性和均匀度指数呈正相关，而草本层生物量与群落灌木层和草本层多样性指数呈负相关关系，但相关性均不显著。这说明在演替进展初期，随着群落物种不断丰富以及物种发育，尤其是乔木层西南桦的发育以及灌木层物种丰富度的不断增加，群落结构不断优化，林分郁闭度不断增加，3 种西南桦群落灌木层、凋落物层以及总生物量不断积累，但草本层生物量呈下降趋势，这主要是由演替进展过程中种间竞争和种群调节等生态过程决定的。

3 种西南桦群落表土层含水量和容重与灌木层、草本层生物量呈正相关，与凋落物层和群落总生物量呈负相关，但相关性均不显著；表土层总孔隙度与群落总生物量呈正相关，与灌木层、草本层和凋落物层呈负相关，但相关性均不显著。在西南桦群落演替初期，一方面，随着灌木层和草本层生物量增加，林分郁闭度加大，土壤蒸发量相对较小，根系对雨水的拦截和吸收使得西南桦群落的表土层含水量增加；另一方面，随着乔木层优势种西南桦的快速生长，对土壤水分需求增加，而土壤水分含量呈下降趋势。对表土层容重而言，随着灌木层和草本层生物量的增加，对表土层养分的需求快速增加，导致表土层矿物质和有机质含量下降，致使表土层容重增加；与之相反，随着乔木层的发育，枯落物不断增加，有利于减小土壤容重，改良土壤物理性质。同时，随着灌木层和草本层的发育，生物量的增长，对表土层水分和养分需求增加，表土层总孔隙度呈下降趋势。但随着乔木层先锋树种西南桦的快速发育，具有增加表土层总孔隙度作用。

3 种西南桦群落灌木层、凋落物层生物量及群落总生物量与表土层有机质、全磷、速效钾、全氮和水解氮均呈正相关，均与灌木层的相关性最高，但与表土层 pH 呈负相关。其中，灌木层生物量与表土层全氮和水解氮含量相关性达到显著水平；草本层生物量与全磷、速效钾、有机质含量和 pH 均呈正相关，但与表土层全氮和水解氮含量相关性较小。表土层速效磷与灌木层和草本层生物量呈负相关，与凋落物层和群落总生物量呈正相关，但相关性均不显著。

第六章 西南桦人工林群落优化

第一节 讨 论 分 析

一、西南桦人工林的物种组成及外貌特征与次生裸地状况密切相关

在山地雨林采伐迹地上营造的西南桦人工林Ⅰ演替进展较快，有维管束植物109种，分属59科92属，其科属种数量组成显著高于山地雨林（48科76属83种）、西南桦人工林Ⅱ（33科56属60种）和西南桦天然林（30科52属55种）；其科（5种科的分布区类型）、属（11分布型8种变型）分布型也较西南桦人工林Ⅱ（4种科的分布区类型和11个属的分布型及3个变型）和西南桦天然林（5种科的分布区类型和9个属的分布型及3个变型）丰富。尤其是西南桦人工林Ⅰ的灌木层物种组成极为丰富，多达61种，Shannon-Wiener指数（H'）、Simpson指数（λ）和Pielou均匀度指数（J_{sw}）分别为7.53、4.13、0.77。随着灌木层乔木幼树的发育，将促使西南桦人工林Ⅰ的乔木层进一步分化，使之结构复杂化，进而形成复层乔木结构。西南桦人工林Ⅰ与山地雨林的物种相似性系数为24.68%，降真香、红木荷、普文楠、思茅黄肉楠、红梗润楠、披针叶楠、山桂花、滇桂木莲、刺栲、短刺栲、红果葱臭木、盆架树、云树、鹅掌柴等山地雨林乔木层常见种已在西南桦人工林Ⅰ灌木层中生长发育。西南桦人工林Ⅱ和西南桦天然林演替发生的次生裸地状况相似，均为“黄余水”次生林（以黄牛木、余甘子、红水锦树等为优势种）采伐迹地，群落植物种类的相似性系数高达53.33%，具有一定的演替趋同性，其物种组成与西南桦人工林Ⅰ存在显著差异，且已远离山地雨林。

西南桦人工林Ⅰ的外貌特征与山地雨林具有较大的相似性。中高位芽植物在山地雨林和西南桦人工林Ⅰ中所占比例相对较高，分别为27.71%（23种）和23.85%（26种）。巨型叶仅出现于西南桦人工林Ⅰ和山地雨林，分别占8.26%和7.23%，并表现出较大的相似性；而西南桦人工林Ⅱ和西南桦天然林则表现为巨型叶缺乏，大型叶比例偏低，中型叶和小型叶比例偏高，尤其是西南桦人工林Ⅱ的小型叶比例（8.33%）明显高于山地雨林。西南桦人工林Ⅱ和西南桦天然林单叶比例偏高（83.33%、85.45%）。西南桦人工林Ⅰ和山地雨林的光照生态类型谱较为接近，阳性植物所占比例分别为37.61%和38.55%，耐阴植物为29.36%和32.53%，阴性植

物为 33.03%和 28.92%；而西南桦人工林Ⅱ和西南桦天然林的光照生态类型谱基本一致，其阳性植物所占比例显著低于西南桦人工林Ⅱ和西南桦天然林，耐阴植物和阴性植物所占比例显著高于西南桦人工林Ⅱ和西南桦天然林。西南桦天然林和西南桦人工林Ⅱ中生植物所占比例分别为 58.18%和 56.67%，明显低于山地雨林（86.75%）和西南桦人工林Ⅰ（73.39%）。

以上情况说明，西南桦人工群落的物种组成与更新迹地的原生植被和次生裸地状况密切相关。西南桦人工林Ⅰ造林地土壤肥力较高，且土壤种子库以及来自林地周边雨林的种子雨数量明显优于西南桦人工林Ⅱ，加之西南桦人工林定植后 3 年的杂草清除等人为干扰活动抑制了杂草生长，在造林早期所形成的大量的林间空地为土壤种子库中的种子直接参与地上植被的更新和演替以及更多物种入侵和定居创造了条件，导致物种丰富度较高，这也说明西南桦人工林Ⅰ未改变原生群落的根本性质。反之，在次生林基础上人工更新或天然更新的西南桦人工林Ⅱ或西南桦天然林，物种的丰富度较西南桦人工林Ⅰ低。

二、随着演替进展西南桦人工群落热带分布成分具有增加趋势

普文西南桦人工林植物区系热带北缘性质明显，为热带亚洲植物区系向东亚植物区系的过渡，随着演替进展西南桦人工群落热带分布成分具有增加的趋势。

普文试验林场在地理上位于喜马拉雅到东南亚过渡的横断山余脉地区，在植物区系分区上属于古热带植物区与东亚植物区的交汇地带。在普文山地雨林植物区系中，均以主产热带的科占优势，带有东南亚热带北缘性质特点，属于热带亚洲植物区系的北缘部分（朱华等，2006）。分布区类型分析表明，西南桦人工林Ⅰ热带成分共计 74 属，占 80.43%；西南桦人工林Ⅱ热带成分共计 46 属，占 82.15%。西南桦人工群落以热带区系成分（2～5 型）为主，热带性质显著，具有热带亚洲（印度—马来西亚）植物区系特点，在植物区系分区上属于印度—马来西亚植物区系的一部分。西南桦人工群落植物区系的主要组成科（优势科）中，大多数都为主产热带分布区扩展到亚热带甚至温带的科，一些典型热带分布的科如龙脑香科（Dipterocarpaceae）等在该植物区系中不存在。该植物区系中的许多热带植物均是在其分布的北界，故该植物区系又有明显的热带北缘性质。

从西双版纳普文—思茅菜阳河—滇中无量山发生的从热带亚洲植物区系到东亚植物区系的过渡与转变，主要表现在热带成分明显减少，一些主产亚热带和热带山地的成分以及主产温带的成分在植物区系中的地位明显提高，并跃居优势成分之列。在从热带亚洲植物区系到东亚植物区系的过渡与转变中，西南桦人工群落诸属的分布区类型中，热带亚洲分布型显著减少，北温带分布型和东亚分布型显著增加，这在中国南部，在从热带亚洲植物区系到东亚植物区系的过渡与转变

中可能是一个普遍规律。

与山地雨林区系成分相比，普文热带山地雨林科的热带区系成分比 2 种西南桦人工群落丰富，热带亚洲至热带大洋洲和热带亚洲 2 种分布类型仅在山地雨林中出现；从属的分布区类型上看，2 种西南桦人工群落植物区系温带成分类型及其变型的数量和所占比例均较山地雨林高，山地雨林无旧世界温带分布和北温带分布类型属。以上情况说明，随着西南桦人工林向地带性植被的演替进展，西南桦人工群落热带分布成分呈增加趋势，而温带成分逐渐减少。

三、利用西南桦等先锋树种开展人工林造林，有利于群落及结构和功能的快速恢复，并加速向地带性植被演替进程

西南桦属中国华南地区乡土阔叶树种，是荒地或刀耕火种后的丢荒地、采伐迹地及林分遭破坏后形成的大林窗等立地更新的先锋树种，为强阳性树种，生长快、寿命长，树干通直，尖削度小，适宜培育大径材，已成为中国热带山地、南亚热带及部分中亚热带地区的主要速生乡土阔叶用材造林树种之一。由于发育时间较短，与地带性植被山地雨林相比，13 年生西南桦人工林结构层次分化尚不明显，尤其是乔木层只有一层，为西南桦单优种。但灌木层、草本层和藤本植物较为发达，且物种丰富度、多样性和均匀度指数也达到了较高水平，且西南桦人工林 I 的灌木层、草本层和藤本植物的生物多样性已超过山地雨林。随着演替进展，西南桦人工林灌木层乔木幼树的发育，如西南桦人工林 I 灌木层的披针叶楠、红梗润楠、短刺栲、刺栲、杯状栲、红果葱臭木、滇桂木莲、云树、高阿丁枫、滇谷木、南酸枣、思茅蒲桃等树种，将使西南桦人工林乔木层进一步分化，结构复杂化，形成复层乔木结构。与此同时，灌木层、草本层和凋落物层发育，人工群落物质循环和能量流动进一步加快，群落的物种组成日益丰富，生产力不断增加，群落功能得以快速恢复，为进一步的群落演替奠定了基础。若在自然状态下，随着林龄的增加，西南桦人工林将不断侵入地带性植被，其物种数目和个体数量持续增加，种间竞争加剧，速生和强阳性的西南桦对相互遮阴和根间竞争环境是不易适应的，将逐步为较能忍受有限资源的披针叶楠、红梗润楠、短刺栲、刺栲、杯状栲等中生性物种取代，演替最终将朝着地带性顶级植被类型——山地雨林的方向发展。

采用先锋树种西南桦人工造林，由于采取了火烧整地、开挖定植穴、容器苗造林以及定植后 3～4 次杂草清理的措施，为西南桦幼树营造了良好的生长环境，生长速度较快。据王卫斌等（2007）在江城的试验结果，3 年生西南桦幼林平均树高为 4.81 m，胸径 4.67 cm，林分已基本郁闭，为耐阴植物和阴性植物发育创造

了条件，加速了自然演替的进程。因此，在近自然的状况下，西南桦人工林有利于加速先锋植物群落形成，为建群种发育创造条件，促进人工植被向地带性植被类型方向演替。

四、近自然的人工林经营方式有利于土壤恢复发育

土壤的恢复与群落的进展演替相并行，不同采伐迹地更新的西南桦群落土壤理化性状存在较大差异，近自然的人工林经营方式有利于土壤恢复发育。

3 种西南桦群落土壤有机质、全氮、全磷、速效磷含量的 Chi-Square 值与山地雨林较为接近，渐进概率为 0.802～1.000，说明随着人工群落向自然群落过渡，其土壤有机质、全氮、全磷、速效磷等养分逐步得以恢复。由于山地雨林开花结果对速效钾需求较大，其表土层速效钾含量显著低于 13 年生西南桦人工林和天然林。同时，在演替初期随着灌木层和草本层物种的快速生长，对水解氮需求快速增加，加之枯落物量较山地雨林低，导致 3 种西南桦群落土壤水解氮含量显著低于山地雨林，其 Chi-Square 值与山地雨林也存在极显著性差异，渐进概率为 0.056～3.692，但偏离程度仍然是随着演替进展而逐渐减小。土壤孔隙度组成的 Chi-Square 分析表明，3 种西南桦群落的土壤微团聚体、水稳性团聚体和孔隙度组成与山地雨林的 Chi-Square 值很接近，有着极为类似的组成趋势，说明土壤颗粒结构组成随演替进展已得到改善。3 种群落土壤机械组成除西南桦人工林Ⅰ与基准类型较为接近外，其他群落类型的土壤机械组成均与基准类型存在极显著差异，说明西南桦人工林的土壤机械组成随着演替进展，其偏离协调状态的程度逐渐减小。因此，与地带性植被山地雨林相比，3 种西南桦群落土壤随群落的进展演替逐步得以恢复，但人工林理化性状要达到地带性植被水平往往需要很长时间，一般是达到随着人工群落向自然群落真正过渡后才能达到。

比较 3 种西南桦群落的土壤理化性状可看出，随着先锋群落在近自然状态下快速发育，在山地雨林采伐迹地人工更新的 13 年生西南桦人工林Ⅰ土壤理化性状明显优于在次生林（以黄牛木、水锦树为优势种）采伐迹地人工更新的西南桦人工林Ⅱ和天然更新的西南桦天然林。西南桦人工林Ⅰ土壤养分退化程度也最低，且显著低于西南桦人工林Ⅱ和西南桦天然林，而西南桦人工林Ⅱ和西南桦天然林由于是在以黄牛木、水锦树为优势种人为干扰较大的次生林采伐迹地上人工或天然更新的群落，土壤养分消耗较大，土壤退化程度较西南桦人工Ⅰ高。西南桦人工林Ⅰ土壤（0～40 cm）有机质、全氮、水解氮、全磷、速效磷、速效钾的含量分别达 22.62 g/kg、1.40 g/kg、243.87 g/kg、36.30 g/kg、0.56 g/kg、159.89 g/kg，均显著高于或高于西南桦人工林Ⅱ和西南桦天然林。西南桦人工林Ⅰ表土层（0～20 cm）容重和总孔隙度分别为 1.235 g/cm^3、52.381%，与西南桦人工林Ⅱ和西南

桦天然林相比，表现出随群落结构复杂性和物种多样性增加土壤孔性状况逐渐变好的趋势，说明随着人工群落演替进展对土壤的孔性状况有较好的恢复作用。西南桦人工林Ⅰ表土层土壤砂粒、粗粉粒和细黏粒粒级分别为17.526%、22.136%和13.921%，与山地雨林的粒级比例和结构（25.704%、31.067%和24.948%）较为接近，进一步证明了群落对土壤的恢复作用随着演替进展而逐渐增强。西南桦人工林Ⅰ的表土层微团聚体、团聚度、分散系数、结构系数等土壤微团粒状况指标分别30.866%、37.310%、54.757%、45.243%，微团聚体含量较少、团聚度较高、表层分散系数较小、结构系数也较高，仅次于山地雨林。这说明西南桦人工林Ⅰ土壤微结构的水稳性能最好，具有较好的保水保肥能力，也进一步证实了随着演替进展，土壤的结构性不断改善，从而促进土壤的保水保肥能力。

从土壤养分退化和物理特征退化指数看，3 种西南桦群落对土壤生态系统的恢复程度也表现为西南桦人工林Ⅰ＞西南桦人工林Ⅱ＞西南桦天然林。与山地雨林相比，西南桦人工林Ⅰ土壤养分退化程度最低，且显著低于西南桦人工林Ⅱ和西南桦天然林，仅为–0.0466，而西南桦人工林Ⅱ和西南桦天然林土壤养分退化指数分别为–0.1795 和–0.2950；土壤物理特征退化指数，西南桦人工林Ⅰ为–0.1690、西南桦人工林Ⅱ为–0.2171、西南桦天然林为–0.2533。这说明在近自然状况下经营的西南桦人工林在该区域对土壤的恢复作用优于天然更新，且这种恢复作用与人工更新迹地类型和肥力状况直接相关，在山地雨林采伐迹地直接人工更新的西南桦人工林Ⅰ土壤退化指数明显低于在黄牛木、水锦树次生林采伐迹地更新的西南桦人工林Ⅱ。13 年生西南桦天然林无论是土壤养分状况还是土壤物理状况，都是 3 种西南桦群落类型中最差的，其土壤养分退化指数和物理特征退化指数分别为–0.2950 和–0.2533，是 3 种西南桦群落类型中退化指数负值最大的类型，反映了13 年生西南桦天然林土壤退化严重，对林下土壤养分的积累作用微小，对土壤物理性质的改良作用也甚小。

五、随着西南桦群落演替进展人工林土壤肥力逐渐得以恢复

随着西南桦群落演替进展，群落结构不断完善，土壤各养分之间的相关性随之增强，人工林土壤肥力逐渐得以恢复。

山地雨林土壤养分相关性分析结果表明，土壤养分之间的相关性比较好，且都呈极显著相关，相关系数为 0.670～0.966，说明山地雨林土壤有机质、N、P、K 之间转化过程中相互影响，且各养分的积累、转化和循环强烈。与山地雨林相比，3 种西南桦群落以西南桦人工林Ⅰ土壤养分之间的相关性最好。西南桦人工林Ⅰ土壤养分之间的相关性除速效磷与其他养分的相关性稍差外（相关系数为0.285～0.581），其他土壤养分之间的相关系数均在 0.5 以上；西南桦人工林Ⅱ土

壤养分的相关性比西南桦人工林Ⅰ差，只有土壤有机质和全氮与其他养分显著相关，速效磷和速效钾分别与水解氮和全磷之间以及速效磷与速效钾之间都无显著相关性；西南桦天然林土壤养分的相关性最差，土壤养分只有有机质与其他养分呈显著相关，其他指标虽然部分显著相关，但多数养分都不显著相关，甚至全磷与水解氮出现了负相关关系。对4种群落的土壤养分进行相关性分析，结果进一步证实了随着群落演替进展，群落结构不断完善，物种丰富度增加，各养分相关性也随之增强。

六、人工追施磷肥和改良土壤的酸碱度有利于加速西南桦群落的快速发育

有效态磷素的缺乏和酸性较强是影响西南桦群落林地土壤肥力的主要限制性因子，因此，人工追施磷肥和改良土壤的酸碱度有利于加速西南桦群落的快速发育。

磷被称为植物生长三要素之一，被认为是热带酸性土壤上植物生长最可能的限制因子（它极易被土壤固定成无效状态）。4种群落0～40 cm全磷含量为32.84～42.27 mg/kg，有效磷含量均很低，仅为0.42～1.07 mg/kg，与全磷相差39.50～78.19倍。Bear（1964）认为土壤的表层常常有丰富的磷被根吸收，通过枯枝落叶转到表层，并且大部分土壤磷是有机态的。Bowmen和Cole（1978）认为“强度风化的磷质，在土壤pH为4.5～4.8时磷素很快被土壤固定，主要形成铁-磷和闭蓄态磷（占全磷含量的70%～85%），溶液中只能维持极低的平衡浓度，表土溶液中的磷在下渗过程中很快被固定。植被要吸取磷素就要吸收极大比例的水分，因为磷从土壤黏粒表面扩散到水膜里并迁移到达植物根部的速度与浓度取决于土壤水分”。

普文4种群落表土层土壤pH为3.92～4.78，属强酸性土壤，磷素很快被土壤固定，导致速效磷长期处于严重贫瘠（表土层小于1.63 mg/kg，下土层小于0.50 mg/kg）的状况。西南桦天然林由于人为干扰严重使其土壤质地由壤土变成现在的砂土，导致表土层和下土层细黏粒含量最高，分别为45.111%和44.974%，孔隙度偏大所以饱和水和毛管水含量仅次于山地雨林，加之pH（4.66）相对较高，因此，尽管其物种组成和群落结构较简单，枯落物量较少，但其表土层的速效磷含量（0.76 mg/kg）高于2种西南桦人工林（0.65 mg/kg和0.52 mg/kg）。土壤强酸性以及磷素在土壤中的稳定性和有效态磷素的缺乏是山地雨林和西南桦群落林地土壤肥力的主要限制性因子。植物为了吸收更多的磷素，一方面把根扎得更深，从深处吸收母质风化释放出的磷，另一方面扩大地表根系与土壤的接触面积吸取有机物释放出的磷和其他养分。在旱季的干热期，地表水分减少，使土壤深层的根系吸收更加重要，由于幼苗、幼树的根系短浅，使其生长发育在旱季受到较大的影响。因此，采取人工追施磷肥和人工林土壤施用石灰等措施改良土壤的酸碱

度，以提高土壤养分的有效性，有利于加速西南桦群落的快速发育。

七、西南桦群落恢复初期的生物量变化

西南桦群落恢复初期，乔木层、灌木层和凋落物生物量随着演替进展呈快速增长趋势，草本层生物量呈下降趋势。

13 年生西南桦人工或天然先锋群落 66.73%～78.54%的生物量由乔木层构成，西南桦人工林Ⅰ、西南桦人工林Ⅱ和西南桦天然林乔木层活生物量分别为 78.54 t/hm^2、66.73 t/hm^2 和 89.30 t/hm^2。西南桦人工林 10 年生以前为径、高生长速生期，胸径和树高年均生长量分别为 1.5～2.5 cm、1～1.5 m；10～20 年生为中速生长期，胸径和树高年均生长量分别为 1～1.5 cm、0.8～1.2 m；20 年生后进入缓生期，径、高年均生长量分别为 0.8～1.0 cm、0.2～0.5 m（王卫斌等，2006）。因此，随着正值中速生长期的乔木层单优种西南桦的快速发育，乔木层生物量将呈现持续快速增长趋势。

西南桦为落叶乔木，且枝下高较高，群落在乔木层和灌木层间形成了一个层间隙。随着西南桦群落的发育，林地固定养分的增加，为灌木层树种生长提供了空间，创造了条件。4 种群落灌木层生物量排序为西南桦人工林Ⅰ＞山地雨林＞西南桦人工林Ⅱ＞西南桦天然林，以在山地雨林采伐迹地直接更新的西南桦人工林Ⅰ最高，达 7.84 t/hm^2，分别比山地雨林、西南桦人工林Ⅱ和西南桦天然林高 41.26%、121.47%和 725.26%。在公路沿线次生林迹地上更新起来的西南桦天然林，人为干扰较大，灌木层更新缓慢，导致生物量较低。以上数据进一步说明，在自然状况下，随着灌木层的发育，西南桦人工林或天然林会逐渐向带性顶极群落发展，从而加速地带性顶极森林群落的恢复。

4 种群落凋落物以叶为主体，占 54.54%～68.59%，排序为西南桦人工林Ⅰ＞西南桦天然林＞山地雨林＞西南桦人工林Ⅱ，以西南桦人工林Ⅰ凋落物量最高，达 7.61 t/hm^2，分别比山地雨林、西南桦人工林Ⅱ和西南桦天然林高 68.74%、98.69%和 25.79%。西南桦人工林Ⅰ为落叶树种西南桦单优群落，西南桦种群密度高于其他 3 种群落任一优势种，加之物种丰富度显著高其他 3 种群落，故年枯枝落叶量最高。山地雨林活立木生物量最高，但均为常绿阔叶树种，属季节性换叶，故年枯枝落叶量较低。随着西南桦的快速生长，3 种西南桦群落的枯枝落叶量将呈不断增长的趋势，对进一步改良土壤的理化性状，增加土壤肥力发挥积极作用。

4 种群落草本层生物量变化出现相反的趋势，即随着演替进展呈下降趋势。4 种群落草本层生物量排序为西南桦人工林Ⅱ＞西南桦人工林Ⅰ＞西南桦天然林＞山地雨林，以林分相对较为稀疏的西南桦人工林Ⅱ为最高，达 20.68 t/hm^2，且显著高于其他 3 种群落，分别为山地雨林、西南桦天然林、西南桦人工林Ⅰ的 7.13

倍、5.21 倍和 2.65 倍。山地雨林和西南桦天然林乔木层郁闭度高，林下光照强度较弱，林下草本层不发达，种类不多，且个体数量也很有限，在林窗下或林缘处比较集中。3 种西南桦群落草本层生物量主要集中于地下部分，占 52.50%～62.47%；山地雨林草本层以木质藤本地上部分生物量为主，故生物量主要集中于地上部分，占 69.66%。

八、开展抚育间伐有利于西南桦人工林林分蓄积的持续增长

西南桦人工林具有较高的生物量、净初级生产力和较强的储碳、固碳能力，开展抚育间伐有利于林分蓄积的持续增长，以提高西南桦人工林的生态效益。

13 年生西南桦人工林虽然在种类组成、结构特征及生态效益等方面与山地雨林还存在较大的差异，但在物种多样性保护、提高生物生产力、进行热带退化山地的恢复与重建方面发挥了重要作用。13 年生西南桦人工林和天然林尚处中幼林阶段，乔木层为单优种结构，与乔木层发育较为充分且分化明显的山地雨林相比，乔木层生物量仅为山地雨林的 18.62%～30.30%。但在山地雨林采伐迹地直接更新的西南桦人工林Ⅰ的灌木层和凋落物生物量分别比山地雨林高 41.26%和 68.74%，存在显著性差异。4 种群落净初级生产力排序为西南桦人工林Ⅰ＞西南桦天然林＞山地雨林＞西南桦人工林Ⅱ。西南桦人工林Ⅰ净初级生产力达 19.99 t/（hm^2·a），并与西南桦天然林、西南桦人工林Ⅱ和山地雨林存在显著性差异，其较高的群落净初级生产力特征进一步说明热带山地雨林破坏后，只要采用先锋树种及时进行人工更新，在近自然状况下，群落会逐渐向地带性顶级群落发展，从而加速地带性顶级群落的恢复。3 种西南桦群落年固碳量为 3.07～3.87 t/（hm^2·a），西南桦人工林Ⅰ最高，达 3.87 t/（hm^2·a），其次为西南桦天然林，为 3.71 t/（hm^2·a），这与国际大气组织（IPCC）温室气体使用的热带人工林年固碳量是一致的，为 3.4～7.5 t/（hm^2·a）（Houghton，1996）。同时说明只要选择适宜的地段和留存一定的母树，天然林也能达到人工林的固碳能力，西南桦作为一种碳汇（carbon sink）树种的发展潜力较大。3 种西南桦林每年吸收固定的碳量都明显高于当地热带次生林（2.42 t/（hm^2·a））和暖温带落叶阔叶林（2.19 t/（hm^2·a））（王效科等，2001）。

随着西南桦群落的快速发育，林冠郁闭度进一步加大，灌木层树种在幼苗阶段虽较能耐荫，但从幼树开始生长需要一定量的光照，尤其是当灌木层树种伸展上层时，西南桦人工林对光照的竞争更加强。因此，适时地开展抚育间伐或择伐，既有利于林分蓄积的持续增长，又有利于林下灌木、草本以及藤本植物的发育，以提高西南桦人工林的生态效益。基于西南桦的生长特性，建议在种植密度为 2 m×3 m 的西南桦人工林造林后 5～7 年进行第 1 次透光伐，伐出总株数的 15%～20%，伐后保持 0.6～0.7 的郁闭度，树冠相互接触；后期每隔 3～5 年进行 1 次；20 年生时可

开展择伐作业。同时，为加速西南桦人工林成材进程，在透光伐或疏伐时，可清除保留木周边有碍其生长的乔灌木、藤蔓和草本植物，为西南桦生长创造良好的条件。

九、加强西南桦人工林中幼林的抚育

西南桦人工林表土层的物理性状在演替初期表现出先低后高的趋势，应加强西南桦人工林中幼林的抚育。

多样性、生物量与土壤理化性状相关性研究结果表明，西南桦人工林表土层容重和含水量与灌木层、草本层多样性和均匀度指数以及生物量呈正相关关系，而与总孔隙度呈负相关，但相关性均不显著。在西南桦人工林演替初期，随着灌木层和草本层物种多样性、生物量以及对养分需求的不断增加，表土层矿物质和有机质含量迅速下降，致使表土层容重增加、总孔隙度减少。同时，随着灌木层和草本层生物量增加，林分郁闭度加大，土壤蒸发量相对较小，根系对雨水的拦截和吸收使得西南桦群落的表土层含水量增加。因此，西南桦人工林演替初期，表土层的物理性状表现出先退化后恢复的趋势，加强对西南桦人工林中幼林的抚育，尤其是施肥，对人工植被和生物多样性的快速恢复十分必要。

第二节 结 论

利用西南桦这一重要的乡土用材树种进行人工造林，可以很快地实现生物量积累、物种多样性和土壤肥力恢复，对中国当前大规模开展的低产低效林改造具有重要运用价值和广阔的推广前景。

但是，本研究结果显示，在不同迹地上的西南桦人工造林表现出了不同的生态反应，进而造成了不同的结果。在山地雨林迹地营造人工林，经过 10 多年的生长发育，西南桦人工林已形成了一个相对稳定的生态系统，在物种组成、群落生态、群落生物量、土壤理化形状等方面，均趋近天然的山地雨林。而对于次生林迹地营造的西南桦人工林生态系统，由于立地条件的限制，物种组成、群落生态、群落生物量、土壤理化性状等方面都与同龄的在山地雨林迹地营建的西南桦人工林有明显的差异。这就充分说明，选用同一树种进行人工造林，不仅要看这个树种是否属于优良树种，还要看造林地段的具体现状，要强调造林树种与立地条件的生态适宜性，找出最佳的配套技术措施，才能达到改造低产林的目的。通过选择合适的树种，运用合理的技术措施可以大大加快人工林演替进程，这对全国开展大规模改造低产、低效林具有参考意义。但必须强调造林树种与立地条件的生态适宜性，如果仅考虑树种特性，忽视造林地段的立地环境生态条件，则难以实现低产低效林改造的初衷。

参 考 文 献

白永飞, 李凌浩, 黄建辉, 等. 2001. 内蒙古高原针茅草原植物多样性与植物功能群组成对群落初级生产力稳定性的影响[J]. 植物学报, 43(3): 280-287.

鲍士旦. 2000. 土壤农化分析[M]. 北京: 中国农业出版社.

北京林业大学. 2001. 土壤学(上册)[M]. 北京: 中国林业出版社.

北京农业大学. 1982. 定量分析[M]. 上海: 上海科学技术出版社.

毕波, 陈强, 周跃华, 等. 2005. 西南桦优良家系苗期选择的研究[J]. 广西林业科学, 34(2): 58-62.

边巴多吉, 郭泉水, 次柏, 等. 2004. 西藏冷杉原始林林隙对草本植物和灌木树种多样性的影响[J]. 应用生态学报, 15(2): 191-194.

曹志洪. 2000. 继承传统土壤学成果、促进现代土壤学发展[J]. 中国基础科学, (2): 11-16.

曹志洪, 史学正. 2001. 提高土壤质量是实现中国粮食安全保障的基础[J]. 科学新闻周刊, (46): 9-10.

陈光升, 钟章成. 2004. 重庆缙云山常绿阔叶林群落物种多样性与土壤因子的关系[J]. 应用与环境生物学报, 10(1): 12-17.

陈国彪. 2005. 福建漳州西南桦种源家系试验初报[J]. 福建林业科技, 32(3): 78-81.

陈宏伟, 刘永刚, 冯弦, 等. 1999. 云南西双版纳西南桦人工林群落结构初步研究[J]. 广西林业科学, 28(3): 118-126.

陈宏伟, 冯弦, 刘永刚, 等. 2002. 西双版纳几种人工幼林的生物量研究[J]. 云南林业科技, (3): 19-22.

陈宏伟, 李江, 孟梦, 等. 2004. 云南热带山地三种阔叶人工林群落林下植物生活型谱比较[J]. 亚热带植物科学, 33(4): 42-44.

陈宏伟, 李江, 周彬, 等. 2006. 西南桦人工林与山地雨林的群落学特征比较[J]. 植物学通报, 23(2): 169-176.

陈宏伟, 刘永刚, 冯弦, 等. 2002. 西南桦人工林群落物种多样性特征研究[J]. 广西林业科学, 32(1): 5-11.

陈宏伟, 刘永刚, 冯弦. 1999. 西南桦人工林群落取样面积探讨[J]. 云南林业科技, (3): 24-27.

陈宏伟, 孟梦, 李江, 等. 2004. 西双版纳山地阔叶人工林林下植物多样性特征比较[J]. 热带林业, 32(3): 22-24.

陈灵芝, 任继凯, 鲍显诚. 1984. 北京西山人工油松林群落学特征及生物量的研究[J]. 植物生态学与地植物学报, 8(3): 173-181.

陈强, 周跃华, 常恩福, 等. 2005. 西南桦优树选择的研究[J]. 浙江林学院学报, 22(3): 291-295.

陈伟, 施季森, 方镇坤, 等. 2004. 西南桦不同种源扦插生根能力比较[J]. 南京林业大学学报, 28(4): 29-33.

陈勇. 2008. 基于木材安全的中国林产品对外依存度研究[D]. 北京: 中国林业科学研究院.

党承林, 吴兆录. 1992. 季风长绿阔叶林短刺栲群落的生物量研究[J]. 云南大学学报(自然科学版), 14(2): 95-107.

丁圣彦, 宋永昌. 2004. 常绿阔叶林植被动态研究进展[J]. 生态学报, 24(8): 1769-1779.

董厚德, 唐炯炎. 1965. 辽东山地“乱石窖”植被演替规律的初步研究[J]. 植物生态学与地植物学丛刊, (1): 117-130.

董亚杰, 王雪峰, 翟树臣, 等. 1996. 小兴安岭东北部植被组成的生活型及生活型谱分析[J]. 沈阳农业大学学报, 27(4): 294-299.

樊国盛, 邓莉兰. 2000. 西南桦组织培养研究[J]. 西南林学院学报, 20(3): 147-151.

方精云, 刘国华, 徐嵩龄. 1996. 中国森林植被的生物量和净生产量[J]. 生态学报, 16(5): 497-508.

冯宗炜, 陈楚莹, 张家武. 1982. 湖南会同地区马尾松林生物量的测定[J]. 林业科学, 18(2): 127-134.

冯宗炜, 王效科, 吴刚. 1999. 中国森林生态系统的生物量和生产力[M]. 北京: 科学出版社.

弓明钦, 王凤珍, 陈羽, 等. 2001. 西南桦对菌根的依赖性及其接种效应研究[J]. 林业科学研究, 13(1): 8-14.

郭剑芬, 杨玉盛, 陈光水, 等. 2006. 森林凋落物分解研究进展[J]. 林业科学, 42(4): 93-100.

郭柯, 郑度, 李渤生. 1998. 喀喇昆仑山-昆仑山地区植物的生活型组成[J]. 植物生态学报, 22(1): 51-59.

郭泉水, 江洪, 王兵, 等. 1999. 中国主要森林群落植物生活型谱的数量分类及空间分布格局的研究[J]. 生态学报, 19(4): 573-577.

郭文福, 黎明, 曾杰. 2005. 西南桦种源(家系)联合试验苗木生长观察[J]. 广西林业科学, 34(2): 63-68.

郭旭东, 傅伯杰, 陈利顶, 等. 2001. 低山丘陵区土地利用方式对土壤质量的影响—以河北省遵化市为例[J]. 地理学报, 56(4): 447-455.

郭正刚, 刘慧霞, 孙学刚, 等. 2003. 白龙江上游地区森林植物群落物种多样性的研究[J]. 植物生态学报, 27(3): 388-395.

郭志坤. 2004. 西南桦人工林群落生态学特征研究[J]. 林业调查规划, 29(增刊): 256-261.

韩美丽, 李雪生, 陆荣生. 2002. 西南桦离体培养再生系统研究[J]. 广西农业科学, (3): 122-123.

黄镜光, 冯益谦. 1991. 西南桦人工栽培试验初报[J]. 林业科学研究, 4(增刊): 99-103.

黄清麟, 李元红. 2000. 福建中亚热带天然阔叶林与人工林对比评价Ⅰ. 水土资源的保持与维护[J]. 山地学报, 18(1): 69-75.

江洪. 1994. 东灵山植物群落生活型谱的比较研究[J]. 植物学报, 36(11): 884-894.

蒋端生, 曾希柏, 张杨珠, 等. 2008. 土壤质量管理－Ⅰ. 土壤功能与质量[J]. 湖南农业科学, (5): 86-89.

蒋云东, 陈宏伟, 王达明, 等. 1998. 西双版纳几种人工林土壤通透性能研究[J]. 云南林业科技, (1): 62-66.

蒋云东, 陈宏伟, 王达明. 1998. 云南热区 4 种人工纯林土壤理化性状分析[J]. 云南林业科技, (4): 69-74.

蒋云东, 王达明, 邱琼, 等. 2003. 7 种热带阔叶树种的苗木施肥试验[J]. 云南林业科技, (2): 11-16.

蒋云东, 王达明, 杨德军, 等. 2003. 热区几种阔叶树种的育苗基质和容器规格研究[J]. 云南林业科技, (4): 19-23.

金则新. 2002. 浙江天台山常绿阔叶林次生演替序列群落物种多样性[J]. 浙江林学院学报, 19(2): 133-137.

兰兰, 王立新. 2007. 人工林在中国林业建设中的意义[J]. 黑龙江科技信息, (13): 139.

劳家柽. 1988. 土壤农化分析手册[M]. 北京: 农业出版社.

雷波, 包维楷, 贾渝, 等. 2004. 不同坡向人工油松幼林下地表苔藓植物层片的物种多样性与结构特征[J]. 生物多样性, 12(4): 410-418.

黎明, 卢志芳. 2005. 西南桦嫁接培育技术[J]. 林业实用技术, (6): 25.

李根前, 王波, 聂新军, 等. 2001. 西南桦人工幼林生长与立地条件的关系[J]. 西南林学院学报, 21(3): 129-132.

李江, 陈宏伟, 冯弦. 2003. 云南热区几种阔叶人工林 C 储量的研究[J]. 广西植物, 23(4): 294-298.

李莲芳, 刘永刚, 孟梦, 等. 2006. 西双版纳普文实验林场西南桦人工林的生长研究[J]. 西部林业科学, 32(4): 1-13.

李文华, 邓坤枚, 李飞. 1981. 长白山主要生态系统生物量生产量的研究[J]. 森林生态系统研究, (2): 34-50.

李志安, 邹碧, 丁永祯, 等. 2004. 森林凋落物分解重要影响因子及其研究进展[J]. 生态学杂志, 23(6): 77-83.

廖涵宗. 1988. 壳斗科八个树种个体生产量调查初报[J]. 林业实用技术, (1): 14-17.

林波, 刘庆, 吴彦, 等. 2004. 森林凋落物研究进展[J]. 生态学杂志, 23(1): 60-64.

林鹏. 1983. 植物群落学[M]. 上海: 上海科技出版社.

刘庆, 黎云祥, 周立华. 1995. 青海湖北岸植被特征研究[J]. 东北师大学报(自然科学版), (1): 93-99.

刘强, 彭少麟, 毕华. 2004. 热带亚热带森林叶凋落物交互分解的研究[J]. 中山大学学报(自然科学版), 43(4): 86-89.

刘世梁, 傅伯杰, 刘国华, 等. 2006. 中国土壤质量及其评价研究的进展[J]. 土壤通报, 37(1): 137-143.

刘世荣. 1990. 兴安落叶松人工林群落生物量及净初级生产力的研究[J]. 东北林业大学学报, 18(2): 40-46.

刘守江, 苏智先, 张霞, 等. 2003. 陆地植物群落生活型研究进展[J]. 四川师范学院学报(自然科学版), 24(2): 155-159.

刘晓冰, 邢宝山, Stephen J. Herbert. 2002. 土壤质量及其评价指标[J]. 农业系统科学与综合研究, 18(2): 109-112.

刘英, 曾炳山, 裘珍飞, 等. 2003. 西南桦以芽繁芽组培快繁研究[J]. 林业科学研究, 16(6): 715-719.

陆树刚, 成晓. 1995. 滇东南老君山自然保护区蕨类物种多样性研究[J]. 云南植物研究, 17(4): 415-419.

陆树刚. 1994. 滇东南花果大箐及其附近地区蕨类区系研究[J]. 云南大学学报(自然科学版), 16(3): 272-275.

陆树刚. 2004. 中国蕨类植物区系·中国植物志(第一卷)[M]. 北京: 高等教育出版社, 29-41.

倪健, 丁圣彦. 2002. 模拟植物多样性的大尺度分布: 从气候和生产力推知的一种可能性[J]. 植物生态学报, 26(5): 568-574.

潘维俦, 李利村, 高正衡. 1979. 2个不同地域类型杉木林的生物产量和营养元素分布[J]. 中南林业科技, (4): 1-14.

彭闪江, 黄忠良, 徐国良, 等. 2003. 生境异质性对鼎湖山植物群落多样性的影响[J]. 广西植物, 23(5): 391-398.

彭少麟. 2000. 生产力与生物多样性之间的相互关系研究概述[J]. 生态科学, 19(1): 1-9.

彭少麟, 方炜. 1995. 鼎湖山植被演替过程中椎栗和荷木种群的动态[J]. 植物生态学报, 16(1): 111-115.

彭少麟. 1987. 广东亚热带森林群落的生态优势度[J]. 生态学报, 7(1): 36-42.

彭少麟. 1996. 南亚热带森林群落动态学[M]. 北京: 科学出版社.

彭少麟. 1987. 森林群落稳定性与动态测度[J]. 广西植物, 7(1): 67-72.

秦仁昌, 傅书遐, 王铸豪, 等. 1959. 中国植物志(第二卷)[M]. 北京: 科学出版社, 1-326.

秦仁昌. 1978. 中国蕨类植物科属的系统排列和历史来源[J]. 植物分类学报, 16(3): 1-19.

邱波. 2003. 生产力与生物多样性关系研究进展[J]. 生态科学, 22(3): 265-270.

曲仲湘, 文振旺. 1953. 琅琊山林木现况分析[J]. 植物学报, (3): 349-369.

曲仲湘, 吴玉树, 王焕校, 等. 1983. 植物生态学[M]. 北京: 高等教育出版社.

任海, 蔡锡安, 饶兴权, 等. 2001. 植物群落的演替理论[J]. 生态科学, 20(4): 59-67.

桑卫国, 马克平, 陈灵芝. 2002. 暖温带落叶阔叶林碳循环的初步测算[J]. 植物生态学报, 22(6): 21-26.

沈显生. 1999. 从地带性植物群落生活型谱讨论安徽植被带的划分[J]. 安徽大学学报(自然科学版), 23(3): 103-108.

沈泽昊, 张新时, 金义兴. 2000. 三峡大老岭森林物种多样性的空间格局分析及其地形解释[J]. 植物学报, 42(6): 620-627.

盛炜彤. 1999. 中国人工林生产力长期保持问题[J]. 林业科技管理, (3): 23-26.

施国政, 周铁烽, 曾杰, 等. 2004. 海南岛西南桦的地理分布及其种质资源现状[J]. 热带林业, 32(3): 45-47.

孙启武. 2006. 西南桦人工林土壤质量变化及其苗期施肥效应与营养诊断[D]. 北京: 中国林业科学研究院.

孙向阳. 2006. 土壤学[M]. 北京: 中国林业出版社.

陶建平, 臧润国. 2004. 海南霸王岭热带山地雨林林隙幼苗和幼树动态规律的研究[J]. 林业科学, 40(3): 33-38.

汪殿蓓, 暨淑仪, 陈飞鹏. 2001. 植物群落物种多样性研究综述[J]. 生态学杂志, 20(4): 55-60.

王伯荪, 马曼杰. 1982. 鼎湖山自然保护区森林群落的演变[J]. 热带亚热带森林生态系统研究, (1): 142-156.

王伯荪, 彭少麟. 1983. 鼎湖山森林群落分析Ⅱ. 物种联结性[J]. 中山大学学报(自然科学版), (4): 27-35.

王伯荪, 彭少麟. 1985. 鼎湖山森林群落分析Ⅳ. 相似性与聚类分析[J]. 中山大学学报(自然科学版), (1): 31-38.

王伯荪, 彭少麟. 1985. 鼎湖山森林群落分析Ⅴ. 线性演替系统与预测[J]. 中山大学学报(自然科学版), (4): 75-80.
王伯荪, 彭少麟. 1986. 鼎湖山森林群落分析Ⅷ. 生态优势度[J]. 中山大学学报(自然科学版), (2): 93-97.
王达明, 陈宏伟, 刘永刚, 等. 2002. 西双版纳人工林可持续经营研究[J]. 云南林业科技, (3): 2-13.
王达明, 冯弦, 王庆华, 等. 2003. 西南桦人工林生长过程研究[J]. 广西林业科学, 32(1): 17-19.
王达明. 1996. 西南桦造林技术研究[C]// 云南省林业科学院. 热区造林树种研究论文集. 昆明: 云南科技出版社.
王达明. 1996. 西双版纳普文试验林场自然条件[C]// 云南省林业科学院. 热区造林树种研究论文集. 昆明: 云南科技出版社.
王国宏, 周广胜. 2001. 甘肃木本植物区系生活型和果实类型构成式样与水热因子的相关分析[J]. 植物研究, 21(3): 448-455.
王国宏. 2002. 再论生物多样性与生态系统的稳定性[J]. 生物多样, 10(1): 126-134.
王凌晖, 韦原莲, 丁允辉, 等. 2002. 植物生长调节剂对西南桦苗木生长的影响[J]. 广西植物, 22(5): 458-462.
王庆华, 陈玉培, 郑海水, 等. 1999. 不同西南桦种源的苗期变异性研究[J]. 云南林业科技, (1): 41-48.
王微, 陶建平, 李宗峰, 等. 2004. 卧龙自然保护区亚高山针叶林林隙特征研究[J]. 应用生态学报, 15(11): 1989-1993.
王卫斌, 郑海水, 景跃波, 等. 2007. 云南热区 4 种乡土阔叶树种人工林营建技术研究[J]. 西部林业科学, 36(1): 10-15.
王卫斌. 2006. 西南桦人工群落特征研究[J]. 西部林业科学, 35(3): 8-13.
王卫斌. 2005. 西南桦生物学特性及发展前景[J]. 福建林业科技, 32(4): 175-179.
王卫斌, 张劲峰. 2004. 西南桦人工林培育技术实用手册[M]. 昆明: 云南科技出版社.
王效科, 冯宗伟, 欧阳志云. 2001. 中国森林生态系统的植物 C 贮量和碳密度的研究[J]. 应用生态学报, 12(1): 13-16.
王永健, 陶建平, 彭月. 1998. 陆地植物群落物种多样性研究进展[J]. 广西植物, 26(4): 406-411.
翁启杰, 曾杰, 郑海水. 2004. 西南桦育苗技术研究[J]. 林业实用技术, (5): 20-22.
吴承祯, 洪伟, 姜志林, 等. 2000. 中国森林凋落物研究进展[J]. 江西农业大学学报, 22(3): 405-410.
吴兆洪, 秦仁昌. 1991. 中国蕨类植物科属志[M]. 北京: 科学出版社.
吴兆洪, 朱家木冉, 杨纯瑜. 1992. 中国现代及化石蕨类植物科属辞典[M]. 北京: 中国科技出版社.
吴征镒. 1991. 中国种子植物属的分布区类型[J]. 云南植物研究, (增刊Ⅳ): 1-139.
吴征镒, 周浙昆, 李德铢, 等. 2003. 世界种子植物科的分布区类型系统[J]. 云南植物研究, 25(3): 245-257.
吴征镒, 周浙昆, 孙航, 等. 2006. 种子植物分布区类型及其起源和分化[M]. 昆明: 云南科技出版社.
熊毅, 李庆逵. 1987. 中国土壤(第二版)[M]. 北京: 科学出版社.
熊东红, 贺秀斌, 周红艺. 2005. 土壤质量评价研究进展[J]. 世界科技研究与发展, 27(1): 71-75.

熊文愈, 骆林川. 1989. 植物群落演替研究概述[J]. 生态学进展, 6(4): 229-235.
许再富, 朱华, 王应祥, 等. 2004. 澜沧江下游/湄公河上游片断热带雨林物种多样性动态[J]. 植物生态学报, 28(5): 585-593.
薛立, 杨鹏. 2004. 森林生物量研究综述[J]. 福建林学院学报, 24(3): 283-288.
严岳鸿, 易绮斐, 黄忠良, 等. 2004. 广东古兜山自然保护区蕨类植物多样性对植被不同演替阶段的生态响应[J]. 生物多样性, 12(3): 339-347.
杨斌, 赵文书, 陈建文, 等. 2003. 西南桦容器苗苗木分级研究[J]. 云南林业科技, (2): 17-21.
杨承栋. 1997. 杉木人工林地力衰退的原因机制及其防治措施[J]. 世界林业研究, (4): 34-39.
杨龙. 1983. 梵净山黔稠林的结构与动态[J]. 植物生态学与地植物学丛刊, (3): 204-214.
杨绍增, 王瑞荣, 王达明. 1996. 马尖相思人工混交林试验初报[J]. 云南林业科技, (2): 31-39.
杨万勤, 钟章成, 陶建平, 等. 2001. 缙云山森林土壤酶活性与植物多样性的关系[J]. 林业科学, 37(4): 124-128.
于顺利, 陈灵芝, 马克平. 2000. 东北地区蒙古栎群落生活型谱比较[J]. 林业科学, 36(3): 118-121.
于顺利, 蒋高明. 2003. 土壤种子库的研究进展及若干研究热点[J]. 植物生态学报, 27(4): 552-560.
云南省林业科学院. 1996. 热区造林树种研究论文集[M]. 昆明: 云南科技出版社, 99-105.
云南省林业科学院. 1985. 云南主要树种造林技术[M]. 昆明: 云南人民出版社.
云南省林业厅. 2011. 云南省木材战略储备生产基地规划(2011—2020 年)[R].
云南省林业厅. 2011. 云南省珍贵用材林基地建设规划(2011—2020 年)[R].
曾锋, 邱治军, 许秀玉. 2010. 森林凋落物分解研究进展[J]. 生态环境学报, 19(1): 239-243.
曾杰, 郭文福, 赵志刚, 等. 2006. 中国西南桦研究的回顾与展望[J]. 林业科学研究, 19(3): 379-384.
曾杰, 王中仁, 周世良, 等. 2003. 广西区西南桦天然居群遗传多样性的研究[J]. 植物生态学报, 27(1): 66-72.
曾杰, 翁启杰, 郑海水. 2001. 西南桦种子贮藏试验[J]. 林业科学研究, 14(4): 430-434.
曾杰, 郑海水, 甘四明, 等. 2005. 广西区西南桦天然居群的表型变异[J]. 林业科学, 41(2): 59-65.
曾杰, 郑海水, 翁启杰. 1999. 中国西南桦的地理分布与适生条件[J]. 林业科学研究, 12(5): 479-484.
曾觉民. 2002. 西双版纳普文的山地雨林及其生态演替[J]. 云南林业科技, 101(4): 11-16.
曾觉民. 2002. 西双版纳热带人工林群落结构及生态功能恢复的研究[J]. 云南林业科技, (3): 23-45.
曾庆波, 李意德, 陈步峰, 等. 1997. 热带森林生态系统研究与管理[M]. 北京: 中国林业出版社.
张华, 张甘霖. 2001. 土壤质量指标和评价方法[J]. 土壤, (6): 326-330.
张桃林, 潘剑君, 赵其国. 1999. 土壤质量研究进展与方向[J]. 土壤, (1): 1-7.
张裕农, 王达明, 杨绍增, 等. 2000. 西双版纳普文热带树木园建设专题报告[J]. 云南林业科技, (增刊): 16-19.
张云飞, 乌云娜, 杨持. 1997. 草原植物群落物种多样性与结构稳定性之间的相关性分析[J]. 内蒙古大学学报(自然科学版), 28(3): 419-423.

赵志刚, 曾杰, 郭丽云, 等. 2006. 西南桦嫁接试验初报[J]. 林业科技, 31(1): 18-19.
郑海水, 黎明, 汪炳根, 等. 2003. 西南桦造林密度与林木生长的关系[J]. 林业科学研究, 16(1): 81-86.
郑海水, 曾杰, 翁启杰. 1998. 西南桦育苗基质选择试验初报[J]. 林业科技通讯, (10): 23-25.
郑海水, 曾杰. 2004. 西南桦的特性及其在福建的发展潜力[J]. 福建林业科技, 31(1): 85-89.
郑海水, 曾杰, 翁启杰, 等. 2001. 西南桦的栽培技术[J]. 林业科学研究, 14(6): 668-673.
中国科学院南京土壤研究所. 1978. 土壤理化分析[M]. 上海: 上海科学出版社.
周灿芳. 2000. 植物群落动态研究进展[J]. 生态科学, 19(2): 53-59.
朱华, 赵崇奖, 王洪, 等. 2006. 思茅菜阳河自然保护区植物区系研究—兼论热带亚洲植物区系向东亚植物区系的过渡[J]. 植物研究, 26(1): 39-52.
朱守谦, 杨业勤. 1985. 贵州亮叶水青冈林的结构与动态[J]. 植物生态学与地植物学丛刊, (3): 183-190.
Adejuwon J O, Ekanade O. 1988. A comparison of soil properties under different land use types in a part of the Nigerian cocoa belt[J]. Catena, 15: 319-331.
Bear F E. 1964. Chemstry of the Soil[M]. New York: Rcinhod Press, 233-245.
Blum W E H, Santeises A A. A concept of sustainability and resilience based on soil function[C]// Greenland D J, Szabolcs I. 1994. eds. Soil Resilience and Sustainable Land Use. Wallingford: CAB Internatinal, 535-542.
Braun-Blanquet J. 1964. Pflanzensoziologie, Grundlage der Vegetionskunde (3 Aufl)[M]. Wien-New York: Springer.
Bossuyt B, Heyn M, Hermy M. 2002. Seed bank and vegetation composition of forest stands of varying age in central Belgium: consequences for regeneration of ancient forest vegetation[J]. Plant Ecology, 162: 33-48.
Bowmen R A, Cole C V. 1978. An exploratory method for fractionation of organic phosphorous from grassland[J]. Soil Science, 125: 95-101.
Connell J H. 1978. Diversity in tropical rain forests and coral reefs[J]. Science, 199: 1302-1310.
Dixon R K. 1993. Forest sector carbon offset project: nearterm opportunities to mitigate greenhouse gas mission[J]. Water, Air and Soil Polution, 70: 561-577.
Doran J W, Parkin T B. Defining and assessing soil quality[C]// Doran J W, Coleman D C, Bezdicek D F, *et al*. 1994. eds. Defining Soil Quality for a Sustainable Environment. Wisconsin: SSSA Special Publication, 3-21.
FAO. 2010. Main Report of Global Forest Resources Assessment 2010[R].
Halpern C B, Spies T A. 1995. Plant species diversity in natural and managed forests of the Pacific Northwest[J]. Ecological Applications, 5: 913-934.
Hansen A J, Spies T A, Swanson F J, *et al*. 1991. Conserving biodiversity in managed forests[J]. Bioscience, 41: 382-392.
Houghton J T, Meira Filho L G, Callander B A, *et al*. 1996. Climate change 1995[R]// International Panel on Climate Change (IPCC)1996: The Science of Climate Change. Cambridge: Cambridge University Press, 572.
Larson W E, Pierce F J. 1991. Conservation and enhancement of soil quality[C]// Dumanski J, Pushparajah E, Latham M, *et al*. eds. Evaluation for Sustainable Land Management in the Developing World (Ⅱ). Bangkok: International Board for Soil Research and Management, 175-203.

Lasco R D. 2000. Forests and land use change in the Philippinrs and climate change mitigation[J]. Mitigation and Adaptation Strategies for Global Change, 5: 81-97.

Leak W B, Smith M L. 1997. Long-term species and structural changes after cleaning young even-aged northern hardwoods in New Hampshire, USA[J]. Forest Ecology And Management, 95: 11-20.

Lowery B, Swan J, Schumacher T, *et al*. 1995. Physical properties of selected soils by erosion class[J]. Journal of Soil & Water Conservation, 50: 306-311.

Lugo A E, Brown S. 1992. Tropical forests as sinks of atmospheric carbon[J]. Forest Ecology and Management, 54: 239-255.

Mueller-dombois D. 1974. Aims and Methods of Vegetation[M]. New York: John Wiley & Sons, 139-147.

Nagaike T, Kamitani T, Nakashizuka T. 2003. Plant species diversity in abandoned coppice forests in a temperate deciduous forest area of central Japan[J]. Plant Ecology, 166: 145-156.

Odum E P. 1971. Fundamentals of Ecology[M]. Philadelphia: Saunders Co.

Parr J F R I, Papendick S B, Homick R E. 1992. Soil quality: Attributes and relationship to alterative and sustainable agriculture[J]. American Journal of Alternative Agriculture, (7): 5-11.

Power J F, Myers R J K. 1989. The maintenance or improvement of farming systems in North America and Australia[C]. Saskatoon: Saskatchewan Inst of Penology.

Raunkiaer C. 1932. The Life Forms of Plants and Statistical Plant Geography[M]. New York: Oxford University Press, 2-104.

Schwilk D W, Keeley J E, Bond W J. 1997. The intermediate disturbance hypothesis does not explain fire and diversity pattern in fynbos[J]. Plant Ecology, 132: 77-84.

Sheil D. 2001. Long-term observations of rain forest succession, tree diversity and responses to disturbance[J]. Plant Ecology, 155: 183-199.

Tabarelli M, Mantovani W. 2000. Gap-phase regeneration in a tropical montane forest: the effects of gap structure and bamboo species[J]. Plant Ecology, 148: 149-155.

Tilman D, Downing J A. 1994. Biodiversity and stability in grassland[J]. Nature, 367: 363-365.

Whittaker R H. 1970. Communities and Ecosystems[M]. New York: Macmillan Company, 6-17.

Wilson D S. 1988. Holism and reductionism in evolutionary ecology[J]. Oikos, 53: 269-273.

Xue L. 1996. Nutrient cycling in a Chinese-fir (*Cunninghamia lanceloata*) stand on a poor site in Yishan, Guangxi[J]. Forest Ecology and Management, 89: 115-123.

Zeng J, Wang Z, Zhou S. 2003. Allozyme variation and population genetic structure of Betula alnoides from Guangxi, China[J]. Biochemical Genetics, 41(3/4): 61-76.

Zeng J, Zheng H, Weng Q J. 1999. Betula alnoides——a valuable tree species for tropical and warm-subtropical areas[J]. Forest Farm and Community Tree Research Reports, 4: 60-63.

Zeng J, Zou Y, Bai J. 2002. Preparation of total DNA from “recalcitrant plant taxa”[J]. Acta Botanica Sinica, 44(6): 694-697.

Zeng J, Zou Y, Bai J. 2003. RAPD analysis of genetic variation in natural populations of Betula alnoides from Guangxi, China[J]. Euphytica, 134(1): 33-41.

附录　普文不同西南桦群落和山地雨林的物种组成

群落各层物种	西南桦人工林Ⅰ	西南桦人工林Ⅱ	西南桦天然林	山地雨林
乔木Ⅰ～Ⅱ层				
西南桦 *Betula alnoides*	√	√	√	
浆果乌桕 *Sapium baccatum*			√	
伞花冬青 *Ilex godajam*			√	
窄序崖豆树 *Millettia leptobotrya*				√
山韶子 *Nephelium chryseum*				√
降真香 *Acronychia pedunculata*				√
红梗润楠 *Machilus rufipes*				√
思茅黄肉楠 *Actinodaphne henryi*				√
刺栲 *Castanopsis hystrix*				√
盆架树 *Winchia calophylla*				√
山桂花 *Paramichelia baillonii*				√
短刺栲 *Castanopsis echidnocarpa*				√
披针叶楠 *Phoebe lanceolata*				√
普文楠 *Phoebe puwenensis*				√
鹅掌柴 *Schefflera octophylla*				√
云树 *Garcinia cowa*				√
红果葱臭木 *Dysoxylum binectariferum*				√
滇桂木莲 *Manglietia forrestii*				√
泡花树 *Meliosma cuneifolia*				√
五瓣子楝树 *Decaspermum fruticosum*				√
红木荷 *Schima wallichii*				√
乔木Ⅲ层				
窄序崖豆树 *Millettia leptobotrya*				√
披针叶楠 *Phoebe lanceolata*				√
山韶子 *Nephelium chryseum*				√
云南红豆 *Ormosia yunnanensis*				√
红梗润楠 *Machilus rufipes*				√
短刺栲 *Castanopsis echidnicarpa*				√

续表

群落各层物种	西南桦人工林 I	西南桦人工林 II	西南桦天然林	山地雨林
乔木III层				
鹅掌柴 *Schfflera octophylla*				√
云树 *Garcinia cowa*				√
山桂花 *paramichelia baillonii*				√
降真香 *Acronychia pedunculata*				√
黄花羊角棉 *Alstonia henryi*				√
木奶果 *Baccaurea ramiflora*				√
刺栲 *Castanopsis hystrix*				√
柴龙树 *Apodytes dimidiata*				√
泡花树 *Meliosma cuneifolia*				√
伞花木姜子 *Litsea umbellate*				√
油渣果 *Hodgsonia macrocarpa*				√
羽叶楸 *Stereospermum personatum*				√
西南猫尾木 *Dolichandrone stipulata*				√
大果山香圆 *Turpinia pomifera*				√
灌木层				
毛叶算盘子 *Glochidion hirsutum*	√	√	√	√
密花树 *Rapanea nerrifolia*	√	√	√	√
滇银柴 *Aporusa yunnanensis*	√	√	√	√
苦竹 *Pleioblastus amarus*	√	√	√	
水锦树 *Wendlandia tinctoria*	√	√	√	
小叶干花豆 *Fordia microphylla*	√	√	√	
岗柃 *Eurya groffii*	√	√	√	
斜叶榕 *Ficus tinctoria*	√	√	√	
猪肚木 *Canthium horridum*	√	√	√	
北酸脚杆 *Medinilla septentrionalis*	√	√	√	
线柱苣苔 *Rhynchotechum obovatum*	√	√	√	
思茅蒲桃 *Syzygium szmaoensis*	√	√		√
大叶榕 *Ficus virens*	√	√		√
云南黄杞 *Engelhardtia spicata*	√	√		
银叶巴豆 *Croton cascarilloides*		√	√	√
毛杜茎山 *Maesa permollis*		√	√	√
披针叶楠 *Phoebe lanceolata*	√		√	√
黄牛木 *Cratoxylon cochinchinense*		√	√	
盐肤木 *Rhus chinensis*		√	√	

续表

群落各层物种	西南桦人工林 I	西南桦人工林 II	西南桦天然林	山地雨林
灌木层				
中平树 *Macaranga denticulata*		√	√	
红木荷 *Schima wallichii*		√	√	
木姜子 *Litsea cubeba*		√	√	
三桠苦 *Evodia lepta*		√	√	
截果石栎 *Lithocarpus truncatus*	√		√	
红梗润楠 *Machilus rufipes*	√		√	
刺栲 *Castanopsis hystrix*	√		√	
华南吴茱萸 *Evodia austrosinensis*	√		√	
大叶玉叶金花 *Mussaenda macrophylla*	√			√
山榕 *Ficus heterophylla*	√			√
滇南九节木 *Psychotria henryi*	√			√
鹅掌柴 *Schefflera octophylla*	√			√
普文楠 *Phoebe puwensis*	√			√
云南瘿椒树 *Tapiscia yunnanensis*	√			√
假桂乌口树 *Tarenna attenuata*	√			√
粗叶木 *Lasianthus wallichii*	√			√
绒毛肉实树 *Sarcosperma kachinensis*	√			√
橙果五层龙 *Salacia aurantiacea*	√			√
假苹婆 *Sterculia lanceolata*	√			√
短刺栲 *Castanopsis echidnocarpa*	√			
红花木樨榄 *Olea rosea*	√			
称杆树 *Maesa ramentacea*	√			
红楣 *Anneslea fragrans*	√			
糖胶树 *Alstonia scholaris*	√			
多花野牡丹 *Melastoma affine*	√			
思茅栲 *Castanopsis ferox*	√			
野毛柿 *Diospyros kaki*	√			
楹树 *Albizzia chinensis*	√			
尾尖叶柃 *Eurya acuminata*	√			
杯状栲 *Castanopsis calathiformis*	√			
云南楤木 *Aralia thomsonii*	√			
勐海山胡椒 *Lindera menghaiensis*	√			
掌叶榕 *Ficus hirta*	√			
木紫珠 *Callicarpa arborea*	√			

续表

群落各层物种	西南桦人工林Ⅰ	西南桦人工林Ⅱ	西南桦天然林	山地雨林
灌木层				
红果葱臭木 *Dysoxylum binectariferum*	√			
突脉榕 *Ficus vasculosa*	√			
多脉瓜馥木 *Fissistigma balansae*	√			
粗穗石栎 *Lithocarpus spicatus*	√			
滇桂木莲 *Manglietia forrestii*	√			
降真香 *Acronychia pedunculafa*	√			
毛叶樟 *Cinnamomum mollifolium*	√			
高阿丁枫 *Altingia excelsa*	√			
云树 *Garcinia cowa*	√			
滇谷木 *Memecylon polyanthum*	√			
勐海石栎 *Lithocarpus fohaiensis*	√			
南酸枣 *Choerospondias axillaris*	√			
单叶吴茱萸 *Evodia simplicifolia*	√			
金毛榕 *Ficus chryocarpa*	√			
木奶果 *Baccaurea ramiflora*	√			
斑鸠菊 *Vernonia esculenta*	√			
火筒树 *Leea indica*		√		
棠梨 *Pyrus pashia*		√		
山芝麻 *Helicteres angustifolia*		√		
肾叶山蚂蝗 *Desmodium renifolium*		√		
艾胶树 *Glochidion lanceolarium*		√		
野漆 *Toxicodendron succedaneum*		√		
思茅黄檀 *Dalbergia szemaoensis*		√		
余甘子 *Phyllanthus emblica*		√		
五月茶 *Antidesma bunius*		√		
地桃花 *Urena lobata*		√		
幌伞枫 *Heteropanax fragrans*		√		
西南桦 *Betula alnoides*			√	
裂果金花 *Schizomussaenda dehiscens*			√	
西南猫尾木 *Dolichandrone stipulata*			√	
猴耳环 *Pithecellobium clypearia*			√	
山桂花 *Paramichelia baillonii*			√	
李榄琼楠 *Beilschmiedia linocieroides*			√	
窄序崖豆树 *Millettia leptobotrya*				√

续表

群落各层物种	西南桦人工林Ⅰ	西南桦人工林Ⅱ	西南桦天然林	山地雨林
灌木层				
山韶子 *Nephelium chryseum*				√
鹧鸪花 *Trichilia connaroides*				√
对叶榕 *Ficus simplicissima*				√
云南红豆 *Ormosia yunnanensis*				√
鱼尾葵 *Caryota ochlandra*				√
钝叶桂 *Cinnamomum bejolghota*				√
染木树 *Saprosma ternatum*				√
黑黄檀 *Dalbergia fusca*				√
小花八角 *Illicium micranthum*				√
排骨灵 *Fissistigma bracteolatum*				√
思茅黄肉楠 *Actinodaphne henryi*				√
白背桐 *Mallotus paniculatus*				√
草本层				
山菅兰 *Dianella ensifolia*	√	√	√	√
棕叶芦 *Thysanolaena maxima*	√	√	√	
飞机草 *Eupatorium odoratum*	√	√	√	
长尖莎草 *Cyperus cuspidatus*	√	√		√
大叶仙茅 *Curculigo capitulata*	√	√		
针叶沿阶草 *Ophiopogon griffithii*	√	√		
紫茎泽兰 *Eupatorium adenophorum*	√		√	
红果莎 *Carex baccans*	√			√
尖果穿鞘花 *Amischotolype hookeri*	√			√
金毛狗 *Cibotium barometz*	√			√
爱地草 *Geophila herbacea*	√			√
鞭叶铁线蕨 *Adiantum caudatum*	√			√
粗喙海棠 *Begonia crassirostris*	√			√
千年健 *Homalomena occulta*	√			√
紫柄蕨 *Pseudophegopteris pyrrhorachis*		√	√	√
类芦 *Neyraudia reynaudiana*		√	√	
莠竹 *Microstegium ciliatum*		√	√	
蒿枝 *Saussurea phyllocephala*		√	√	
脉耳草 *Hedyotis costata*		√	√	
大芒萁 *Dicranopteris ampla*		√	√	
华珍珠茅 *Scleria chinensis*		√	√	

续表

群落各层物种	西南桦人工林Ⅰ	西南桦人工林Ⅱ	西南桦天然林	山地雨林
草本层				
山姜 *Alpinia blepharocalyx*		√	√	
滇姜花 *Hedychium yunnanensis*	√			
西南凤尾蕨 *Pteris wallichiana*	√			
高大良姜 *Alpinia galanga*	√			
假蒌 *Piper sarmentosum*	√			
淡竹叶 *Lophatherum gracile*	√			
乌毛蕨 *Blechnum orientale*	√			
齿叶毛蕨 *Cyclosorus dentatus*	√			
深绿卷柏 *Selaginella doederleinii*	√			
狗脊蕨 *Woodwardia japonica*	√			
刺蒴麻 *Triumfetta rhomboidea*	√			
九里光 *Senecio scandens*	√			
鱼鳞蕨 *Acrophorus stipellatus*	√			
丛枝蓼 *Polygonum caespitosum*	√			
滇南鳞毛蕨 *Dryopteris austro-yunnanensis*	√			
蜜蜂花 *Melissa axillaris*	√			
斑鸠菊 *Vernonia esculenta*		√		
猫须草 *Clerodendranthus spicatus*		√		
云南豆蔻 *Alpina blepharocalyx*				√
苳叶 *Phrynium capitatum*				√
褐鞘沿阶草 *Ophiopogon olracaenoides*				√
爵床 *Rostellularia procumbens*				√
藤本植物				
独子藤 *Celastrus monospermus*	√	√	√	√
小花酸藤子 *Embelia parviflora*	√	√	√	√
光叶薯蓣 *Dioscorea glabra*	√	√	√	
栽秧泡 *Rubus ellipticus*	√	√	√	
双钩藤 *Uncaria laevigata*	√		√	
厚果鸡血藤 *Millettia pachycarpa*	√			√
鹿角藤 *Chonemorpha eriostylis*	√			√
红叶藤 *Rourea minor*	√			√
买麻藤 *Gnetum montanum*		√	√	√
穿鞘菝葜 *Smilax perfoliata*		√	√	
金刚藤 *Smilax bockii*		√	√	

续表

群落各层物种	西南桦人工林 I	西南桦人工林 II	西南桦天然林	山地雨林
	藤本植物			
甘葛 *Pueraria edulis*		√	√	
象鼻藤 *Dalbergia mimosoides*		√		
红纸扇 *Mussaenda pubescens*		√	√	
多脉酸藤子 *Embelia oblongifolia*	√			
多裂黄檀 *Dalbergia rimosa*	√			
多苞莓 *Rubus multibracteaus*	√			
樟叶木防已 *Cocculus laurifolius*	√			
小叶海金莎 *Lygodium microphyllum*	√			
飞龙掌血 *Toddalia asiatica*	√			
长节珠 *Parameria laevigata*	√			
细绒忍冬 *Lonicera similis*	√			
毛蒟 *Piper puberulum*	√			
古钩藤 *Cryptolepis buchananii*	√			
密花豆 *Spatholobus suberectus*			√	
长叶菝葜 *Smilax lanceifolia*				√
粉背菝葜 *Smilax hypoglauca*				√
滇南省藤 *Calamus henryanus*				√
长萼鹿角藤 *Chonemorpha megacalyx*				√
华马钱 *Strychnos cathayensis*				√
地不容 *Stephania delavayi*				√
海南海金莎 *Lygodium conforme*				√
扁担藤 *Tetrastigma planicaule*				√
物种数总计	109	60	56	83

图　版

彩图 1　西南桦单株

彩图 2　西南桦-山桂花混交林

彩图 3　西南桦人工林 I 的群落结构

彩图 4　西南桦人工林 II 的群落结构

彩图 5　西南桦人工林（雨林地更新）

彩图 6　西南桦人工林（次生林更新）

彩图 7　西南桦人工林

彩图 8　山地雨林

彩图 9　八宝树（*Duabanga grandiflora*）

彩图 10　扁担藤（*Tetrastigma planicanle*）

彩图 11　滇桂木莲（*Manglietia forrestii*）

彩图 12　红木荷（*Schima wallichii*）

彩图 13　红椎（*Catanopsis hystrix*）

彩图 14　黄杞（*Engelhardia roxburghiana*）

彩图 15　披针叶楠（*Phoebe lanceolata*）

彩图 16　普文楠（*Poebe puwenensis*）

彩图 17　山韶子（*Nephelium chryseum*）

彩图 18　思茅黄肉楠（*Actinodaphne henryi*）

彩图 19　灯台树（*Alstonia scholaris*）

彩图 20　山桂花（*Paramichelia baillonii*）

彩图 21　生物量取样

彩图 22　土壤取样